采油设备、井下工具及油田化学剂检验技术手册

杨　野　王凤山　主编

U0338614

石油工业出版社

内 容 提 要

本书系统地描述了采油设备、井下工具及油田化学剂相关产品的检验技术原理、技术要求、主要检验设备、检验样品取样、检验程序，同时对检验结果评价和不合格项的危害进行了阐述。

本书可供从事采油设备、井下工具及油田化学剂质量检验、质量管理人员阅读，也可供产品开发设计、物资供应部门、产品生产厂家相关人员参考使用。

图书在版编目（CIP）数据

采油设备、井下工具及油田化学剂检验技术手册 / 杨野，王凤山主编．
北京：石油工业出版社，2013.11
ISBN 978−7−5021−9698−1

Ⅰ．采…
Ⅱ．①杨…②王…
Ⅲ．①采油设备−检验−技术手册②井下作业（油气田）−机械设备−技术手册③油田开发−化学药剂−检验−技术手册
Ⅳ．① TE93−62 ② TE39−62

中国版本图书馆 CIP 数据核字（2013）第 170613 号

出版发行：石油工业出版社
　　　　　（北京安定门外安华里 2 区 1 号　100011）
　　　　　网　址：www.petropub.com.cn
　　　　　编辑部：(010) 64523583　　发行部：(010) 64523620
经　　销：全国新华书店
印　　刷：北京中石油彩色印刷有限责任公司

2013 年 11 月第 1 版　2013 年 11 月第 1 次印刷
850×1168 毫米　开本：1/32　印张：9
字数：240 千字

定价：36.00 元
（如出现印装质量问题，我社发行部负责调换）

《采油设备、井下工具及油田化学剂检验技术手册》编写组

主　　编：杨　野　　王凤山

副主编：郑　贵　　朱贵宝

成　　员：周小尚　　李建阁　　王维良　　邹丽娜

　　　　　胡庆龙　　洪怡春　　杜香芝　　穆　芫

顾　　问：隋　军

前　言

采油设备、井下工具和油田化学剂三类产品是油田开发中重要的生产必需物资，在油田增产增注、改善油气藏、提高采收率、节能降耗、保证正常生产方面起到非常重要的作用。

潜油电泵采油是多年来较成熟的一种人工采油方式，如果潜油电泵产品不合格就会造成耗电量增加，影响检泵周期，降低油井产量，造成经济损失。封隔器的用途就是在井筒内封隔油、水、气层，它是正确认识油田和合理开发油田的最重要的井下工具。偏心配水工具是油田对油层进行分层定量注水，开发非均质油田的重要井下工具。油气田开发离不开化学助剂，压裂需要压裂液、酸化需要酸化液、注水需要堵水调剖剂、射孔需要完井液等，这些助剂在保障生产安全和环境，改善地层流通性，减少流体的流动阻力，增加注水效果和油田的最终采收率方面起到重要作用。但产品不合格危害极大，以压裂液为例，基液黏度不合格影响裂缝的形成及延伸；压裂液的耐温耐剪切能力不合格造成压裂液黏度迅速下降，不能起到携带、悬浮支撑剂的作用，降低压裂效果，甚至造成施工失败；破胶水化液的表界面张力不合格会降低压裂液返排效果。

为保障油田用物资质量，除了抓好产品生产的第一环节之外，还必须借助检验手段，依据先进的设备和科学统一的检验方法评价产品质量。检验机构的建立为油田严把物资质量关，降低成本，节约资源，实现安全生产，保护环境起到很大促进作用。

本书是国家电动潜油泵质量监督检验中心和中国石油天然气股份有限公司采油工程产品质量监督检验中心技术人员在从事多年产品检验的基础上，总结了产品检验的经验和常用产品特点编写的，希望此书的内容对于检验人员的认识统一、方法统一、检验数据的一致性和取样的公正性起到指导作用，对于有关的油田开发设计技术人员、生产和质量管理人员、物资供应部门人员、产品生产厂家等相关人员具有参考价值。

本书引用的标准均为有效版本，在具体检验时应及时查阅标准最新版本。

本书共有四章：产品质量检验基本知识、采油设备质量检验、井下工具质量检验油田化学剂质量检验。本书在介绍检验方法的同时，介绍了检验结果评价和不合格产品的危害；介绍了保证样品公正性的取样方法。第一章由朱贵宝和洪怡春编写，郑贵审核；第二章由杜香芝、张铁刚、孙良伟、王永昌、魏忠印、张乃元、周伟编写，郑贵审核；第三章由胡庆龙、刘龙达、常庆欣、邸超、孙德勇、佛艳华、赵政玮、刘大伟、邓杰、张艳、汪慧编写，朱贵宝、邹丽娜审核；第四章由洪怡春、穆芫、徐洪波、付海江、陈芳、赵北红、陈秀芳、刘莉、梁晶、刘艳玲、胡景新、赵迪编写，郑贵、李建阁审核。全书由杨野、王凤山任主编并统审，隋军任顾问。

尽管我们在编写过程中做了很大努力，但由于编者经验、知识水平有限，仍难免有欠妥甚至错误之处，衷心恳请读者批评指正，使之不断完善。

编　者
2013年6月

目　录

第一章 产品质量检验基本知识

第一节 产品质量检验概述

一、产品质量检验概念

对产品的一种或多种质量特性进行诸如测量、检查、试验、度量，并将检验结果与规定的质量要求进行比较，以确定各个质量特性的符合性的活动叫产品质量检验。符合规定要求叫合格，不符合规定要求叫不合格。

质量检验的作用是质量信息反馈、质量问题的预防及把关，检验结论作为产品验证及确认的依据。

质量检验的类型按加工过程的阶段可分为：进货检验、工序检验、成品检验。在我国工业企业中，广泛实行由自检、互检、专检组成一种质量检验体制称为"三检制"，其中专检是质量检验的主体，企业领导要保证专检行使质量否决权，并使专检工作不受干扰，使专检能真正发挥把关作用。

按检验对象的数量，质量检验分为抽样检验和全数检验（100%检验）。在实际工作中，全数检验一般很难做到，基本采取抽样检验的方法，抽样检验可以执行以 GB 2828 为代表的系列抽样检验标准。

采取抽样检验的方式，对产品质量的认定存在两种风险：一种是弃真风险。由于抽检的样本比较小，往往刚好把产品中质量不合格的产品抽中，而绝大多数产品质量是合格的，这时把批产品质量判为不合格，这种风险也叫生产方风险。另一种风险叫存伪风险。抽样的批产品中存在不合格产品，而抽取样本的产品经检验合格，这时把批产品质量判为合格，这种风险也叫使用方风险。这是抽样检验的"弃真"、"存伪"的两种风险弊端。

在抽样检验中，按百分比抽样是不科学的。这种抽样方式由于产品批量增大出现拒收的可能性增加，批量越小越容易通过，百分比抽样检查变成数学游戏，起不到质量把关作用。

二、企业检验机构设置

质量检验工作组织落实是建立质量检验机构，企业质量检验工作能否做好，首先是取决于有没有一个健全的质量检验机构。健全的机构至少应该具备以下条件：机构设置合理、人员素质达到要求、有明确的分工和工作职责、有必要的检验仪器设备、按照规章制度独立行使职权。检验机构负责人应该是由质量观念强、技术业务水平较高、有一定实践检验的人员担任，检验人员也必须是质量责任心强、经专门培训考核合格，有一定实践经验的技术人员或较熟练的工人担任。

质量检验机构在工作中必须能独立行使职权。在检测、作出判断、处理质量问题时，不受科研和生产进度、成本等因素的约束。检验工作不受人为干扰，在一般情况下，企业单位任何部门和人员无权干预质量检验部门的结论。

三、检验人员考核

检验员本身素质很大程度上影响检验质量，为此，从事检验的人员应具有一定的基本条件，并需要对检验人员进行考核持证上岗。检验人员应具备如下基本条件：

（1）具有一定的文化程度。一般，应具有高中（职业学院）以上文化程度，某些复杂的关键岗位检验人员还需要大专以上学历（工程专业），在专业岗位应有一定的工作检验。

（2）掌握检验人员需要的质量管理和质量检验的基本知识。

（3）掌握与本检验岗位有关产品的结构、原理、特性、技术要求、工艺及生产流程。

（4）掌握与本检验岗位有关检验专业技术知识、相应的检验技能、检验技术、正确使用计量仪器。

（5）质量意识高，热爱检验工作，敢于坚持原则，不徇私情。

（6）身体健康，无与本检验岗位工作不适应的缺陷或疾病。

四、质量监督检验机构（第三方检验机构）设置与职能

产品质量监督检验机构（第三方检验机构）指的是承担政府（行业）监督抽查工作中抽样、检验任务的有关技术机构。

对于承担产品质量监督抽查任务的检验机构，《产品质量法》中有明确的规定。《产品质量法》第十九条规定："产品质量检验机构必须具备相应的检测条件和能力，经省级以上人民政府产品质量监督部门或者其授权的部门考核合格后，方可承担产品质量检验工作。"

承担国家监督抽查任务的检验机构，必须符合《产品质量法》的上述规定。凡是未经省级以上质量技术监督部门或者其授权的部门计量认证和审查认可，或者超出计量认证和审查认可有效期或范围的质检机构，均不得承担监督抽查任务。

承担监督抽查任务的质检机构，主要是符合《产品质量法》规定条件的国家级质检中心和部分省级质量技术监督部门的产品质量检验机构。特殊情况下，部分由部门或行业设置的符合《产品质量法》规定条件的部级或行业质检机构，也可承担相应的监督抽查任务。

石油行业有关的检验机构经过20多年的发展，已经建立专门的质量监督检验机构26个，具有实施监督抽查的资格，同时还有大量的企业和科研院所内部实验室通过了国家计量认证或实验室认可，为第一方和第二方的产品质量提供检验保证。公正性、科学性、权威性是监督检验机构的最本质特征。

第二节　产品检验抽样技术

抽样检验，就是从一批产品中抽取一定数量的样品，通过检查这些样品，判断这一批产品合格与否的过程。抽样检验首先碰到的问题是如何抽取样本，人工选取样本不能反映整批产品的质量实际分布状况，因为这时有人的主观因素作用。生产方可能有意挑出一些质量好的样品来供订货方选择订购，使用方可能有意挑出一些质量差的产品，否定这批产品的实际质量，以期低价购买。只有用随机抽样，才能使抽取的样本公正的代表总体（或整批产品）。我国在抽样检验方面出台了一系列标准，本书主要针对所检验产品的样品抽取做些介绍。机电产品和井下工具产品是以计数单个个体出现的，一般随机抽样可以分为简单随机抽样、其他随机抽样。化学固体散料和液态产品随机抽样可以结合计数抽样和相关标准抽样。

一、计数形式个体产品抽样

1. 简单随机抽样

简单随机抽样就是从包含 N 个抽样单元的产品总体中按不放回抽样抽取 n 个单元，任何 n 个单元被抽出的概率都相等，等于 $1/C_N^n$。简单随机抽样可以用以下的逐个抽取单元方法进行：第一个样本单元从总体中所有 N 个抽样单元中随机抽取，第二个样本单元从剩下的 $(N-1)$ 个抽样单元中随机抽取，依此类推。简单随机抽样就是排除人的主观因素，使批中每一单位产品被抽到的机会都相等。在实际工作中，随机抽样常借助于随机数骰子或随机数表来进行。

2. 随机数骰子使用方法

GB 10111《随机数的产生及其在产品抽样检验中的应用程序》推荐的随机数骰子是由均匀材料制成的正20面体，在20个面上，0～9数字都出现两次。使用时，根据需要选取 m 个骰子，并规定好每种颜色的骰子各代表的位数。例如：选用红、黄、蓝三种颜色的骰子，规定红色骰子上出现的数字表示百位数，黄色的骰子上出现的数字表示十位数，蓝色骰子上出现的数字表示个位数。

（1）随机抽样程序：以封隔器为例，把抽样单元（单个封隔器）按自然数从"1"开始顺序编号，然后用获得的随机数对号抽取。

（2）读取随机数的方法：首先根据批量（或总体）大小 N 选定 m 个骰子，如下所示：

N 范围	骰子个数 m
$1 \leqslant N \leqslant 10$	1
$11 \leqslant N \leqslant 100$	2
$101 \leqslant N \leqslant 1000$	3
$1001 \leqslant N \leqslant 10000$	4
$10001 \leqslant N \leqslant 100000$	5

其次依据骰子显示的数字实施抽样，将产品按一定规定作出排列，当摇出的骰子显示的数字 $R \leqslant N$ 时，随机抽样数就取 R，若 $R > N$，则舍去重摇。重复上述过程，直到取得需要的不同样品为止。

3. 其他随机抽样

（1）多级随机抽样：多级随机抽样就是第一级抽样是从总体中抽取初级抽样单元，以后每一级抽样是在上一级抽样单元抽取次一级的抽样单元。

（2）系统随机抽样：系统随机抽样是将总体中的抽样单元按某种次序排列，在规定的范围内随机抽取一个或一组初始单元，然后按一套规则确定其他样本单元的抽样方法。

（3）分层随机抽样：分层随机抽样是将总体分割成互不重叠的子总体（层），在每层中独立地按给定的样本量进行简单随机抽样。

在实际抽样工作中，经常将系统随机抽样、分层随机抽样、分级随机抽样和简单随机抽样相结合，不仅保证了抽样样本的随机性，同时也有利于抽样工作的实施。

二、油田化学产品抽样方法

油田化学产品多为固体或液体，相关产品标准中有抽样方法的按产品标准中的抽样方法执行，相关产品标准中没有抽样方法的产品依据GB/T 6678—2003《化工产品采样通则》、GB/T 6679—2003《固体化工产品采样通则》、GB/T 6680—2003《液体化工产品采样通则》进行抽样。

1. 样品数和样品量

在满足需要的前提下，能给出所需信息的最少样品数和最少样品量为最佳样品数和最佳样品量。

（1）单元物料的样品数：对一般化工产品，都可用多单元物料来处理。其单元界限可能是有形的，如容器，也可能是设想的，如流动物料的一个特定时间间隔。对多单元的被采产品，抽样采用分层取样，第一步，选取一定数量的抽样单元。第二步，是对每个单元按产品特性值的变异性类型分别进行抽样。总体产品的单元数小于500的，抽样单元的选取数，推荐按表1-1的规定确定。总体产品的单元数大于500的，抽样单元数的确定，推荐按总体单元数立方根的三倍数，即 $3 \times \sqrt[3]{N}$（N 为总体的单元数，如遇有小数时，则进为整数。如单元数为538，则 $3 \times \sqrt[3]{538} \approx 24.4$，将24.4进为25，即选用25个单元。

表1-1　抽样单元数的规定

总体产品的单元数	选取的最少单元数	总体产品的单元数	选取的最少单元数
1~10	全部单元	182~216	18
11~49	11	217~254	19
50~64	12	255~296	20
65~81	13	297~343	21
82~101	14	344~394	22

总体产品的单元数	选取的最少单元数	总体产品的单元数	选取的最少单元数
102～125	15	395～450	23
126～151	16	461～512	24
152～181	17		

（2）散装产品的样品数：批量少于2.5t，抽样为7个单元（或点）。批量为2.5～80t，抽样为：$\sqrt{批量(t)}\times 20$个单元（或点），计算到整数。批量大于80t，抽样为40个单元（或点）。采集点按产品堆积的几何形状，在上、中、下各截面随机布点。

（3）最终样品量及其保存：样品量应至少满足三次重复检测的需求，当需要留存备考样品时，应满足备考样品的需求；对抽取的样品物料如需做制样处理时，应满足加工处理的需要。样品包装容器一般要求如下：

①具有符合要求的盖、塞或阀门，在使用前必须洗净、干燥。

②材质必须不与样品物质起反应，并不能有渗透性。

③对光敏性物料，盛样容器应是不透光的，或在容器外罩避光塑料袋。

④容器在装入样品后应立即贴上写有规定内容的标签，包括样品名称及样品编号、总体物料批号及数量、生产单位、采样部位、样品量、采样日期、采样者等。

样品的贮存一般要求如下：

①对易挥发物质，样品容器必须有预留空间，需密封，并定期检查是否泄漏。

②对光敏物质，样品应装入棕色玻璃瓶中并置于避光处。

③对温度敏感物质，样品应储存在规定的温度之下。

④对易和周围环境物起作用的物质，应隔绝氧气、二氧化碳和水。

⑤对高纯物质应防止受潮和灰尘浸入。

样品制成后应尽快检验。剧毒、危险样品的保存和处理，除遵守一般规定外，还应遵守毒物或危险化学品的有关规定。

2. 液体化工产品抽样通则

(1) 抽样的基本要求：采样操作人员必须熟悉被抽取液体化工产品的特性、安全操作的有关知识及处理方法，了解被抽取产品的容器大小、类型、数量、结构和附属设备情况。检查被抽取产品的容器是否受损、腐蚀、渗漏并核对标志。观察容器内产品的颜色，黏度是否正常；表面或底部是否有杂质、分层、沉淀、结块等现象；判断产品的均匀性。

(2) 抽样设备要求：取样器及样品容器应当选用不使样品变质，对样品不造成污染的材料制成；样品从取样器中倒出之前应有足够的时间让外挂液体流净，也可以用其他强制设施刮净外部；为了适应快速取样的要求，取样瓶、罐的进口部分不应狭窄；为了防止所取样品的固相物质减少而影响到样品液固比例的代表性，必须选用能关闭的取样器，确保在取样操作完毕时取样器能一直保持密闭状态。

(3) 常用抽样设备：液体化工产品的抽样设备主要有采样勺、采样管、采样瓶（罐）、管线取样设备（GB/T 6680—2003《液体化工产品采样通则》）。

(4) 抽样方法（本书主要介绍常温下为流动态单相液体的产品取样）：

①小瓶装产品（25~500mL）：按抽样方案随机采得若干瓶产品，各瓶摇匀后分别倒出等量液体混合均匀作为样品。也可分别测得各瓶物料的某特性值以考查物料特性值的变异性和均值。

②大瓶装产品（1~10L）和小桶装产品（约19L）：被取样的瓶或桶用人工搅拌或摇匀后，用适当的采样管取得混合样品。

③大桶装产品（约200L）：在静止情况下用开口采样管抽取

全液位样品或抽取部位样品混合成平均样品。在滚动或搅拌均匀后，用适当的采样管抽取混合样品。如需知表面或底部情况时，可分别抽取表面样品或底部样品。

④立式圆形贮罐：从固定采样口抽样时，在立式贮罐侧壁安装上、中、下采样口并配上阀门。当贮罐装满物料时，从各采样口分别抽取部位样品。由于截面一样，所以按等体积混合三个部位样品成为平均样品。如罐内液面高度达不到上部或中部采样口时，建议按下列方法抽取样品：如果上部采样口比中部采样口更接近液面，则从中部采样口抽取三分之二样品，而从下部采样口抽取三分之一样品。如果中部采样口比上部采样口更接近液面，从中部采样口抽取二分之一样品，从下部采样口抽取二分之一样品。如果液面低于中部采样口，则从下部采样口抽取全部样品。如贮罐无采样口而只有一个排料口，则先把物料混匀，再从排料口抽样。

从顶部进口抽样时，把采样瓶或采样罐从顶部进口放入，降到所需位置，分别抽取上、中、下部位样品，等体积混合成平均样品或抽取全液位样品。也可用长金属采样管抽取部位样品或全液位样品。

⑤卧式圆柱形贮罐：在卧式贮罐一端安装上、中、下采样管，外口配阀门。采样管伸进罐内一定深度，管壁上钻直径$2\sim3mm$的均匀小孔。当罐装满物料时，从各采样口抽取上、中、下部位样品并按一定比例（表1-2）混合成平均样品。当罐内液面低于满罐时液面，建议根据表1-2的液体深度用采样瓶、采样罐、金属采样管等从顶部进口放入，降到表1-2规定的抽样液面位置抽取上、中、下部位样品，按表1-2所示比例混合成为平均样品。当贮罐没有安装上、中、下采样管时，也可以从顶部进口抽取全液位样品。

有关从槽车、船舱、输送管道取样的方法参见GB/T 6680—2003《液体化工产品采样通则》中规定，这里不做介绍。

表1-2　卧式圆柱形贮罐采样部位和比例

液体深度（直径百分比）	采样液位（离底直径百分比）			混合样品时相应的比例		
	上	中	下	上	中	下
100	80	50	20	3	4	3
90	75	50	20	3	4	3
80	70	50	20	2	5	3
70		50	20		6	4
60		50	20		5	5
50		40	20		4	6
40			20			10
30			15			10
20			10			10
10			5			10

3. 固体化工产品采样通则

（1）选择抽样技术的原则：选择抽样技术的原则应依据被采物料的形态、粒径、数量、物料特性值的差异性、状态（静止或运动）而定；抽样技术应能保证在允许的抽样误差范围内获得总体产品的有代表性的样品；抽样技术不能对物料的待测性质有任何影响；抽样过程中防止被采物料受到环境污染和变质；要求特殊处理的固体和有危险性的固体，按有关规定选择适当的特殊技术抽样。

（2）抽样方法：本书主要介绍粉末、小颗粒、小晶体固体化工产品的抽样方法。

①袋装产品抽样，用采样探子或其他合适的工具，从抽样单元中，按一定方向，插入一定深度抽取定向样品。每个抽样单元中所抽取得的定向样品的方向和数量依容器中物料的均匀程度确定。

②散装静止产品抽样，根据物料量的大小及均匀程度，用勺、铲或采样探子从物料的一定部位或沿一定方向抽取部位样品或定向样品。

　　③散装运动产品抽样，用自动采样器、勺子或其他合适的工具从皮带运输机或物质的落流中随机的或按一定的时间间隔取截面样品。

第二章 采油设备质量检验

第一节 潜油电泵机组

一、结构组成

潜油电泵采油是为适应经济有效地开采地下石油而逐渐发展起来日趋成熟的一种人工采油方式。它具有排量扬程范围大、功率大、生产压差大、适应性强、地面工艺流程简单、机组工作寿命长、管理方便、经济效益显著的特点。自1928年第一台潜油电泵投入使用以来，经过20世纪70年的发展，潜油电泵采油在井下机组设计、制造及油井选择、机组选型成套、工况监测诊断及保护、分层开采和测试等配套工艺方面日臻完善，在制造适应高温、高黏度、高含砂、高含气、含H_2S和CO_2等恶劣环境的潜油电泵机组方面也取得了很大进展。不仅用于油井采油，还用于气井排液采气和水井采水注水。

潜油电泵机组包括潜油电动机（简称电动机）、电动机保护器（简称保护器）、吸入及处理装置、潜油电泵（简称泵）、潜油电缆（简称电缆）、潜油电泵专用控制柜（简称控制柜）、潜油电泵专用变压器（简称变压器）和潜油电泵专用接线盒（简称接线盒）。图2-1为潜油电泵机组安装示意图。

1. 电动机

电动机是潜油电泵机组的源动机，一般位于最下端。它是三相鼠笼异步电动机，其工作原理与普通三相异步电动机一样，把电能转变成机械能。它与普通电动机相比，具有以下特点：机身细长，一般直径160mm以下，长度5～10m，有的更长，长径比达28.3～125.2；转轴为空心，便于循环冷却电动机；启

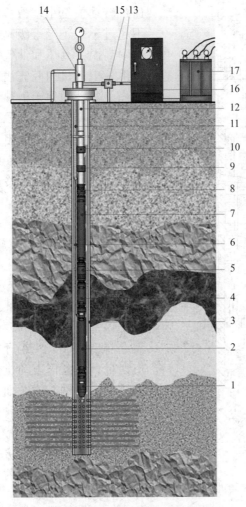

图2-1 潜油电泵机组安装示意图

1—扶正器；2—电动机；3—套管；4—保护器；5—吸入及处理装置；
6—引接电缆（电缆头）；7—泵；8—泵出口接头；9—单流阀；
10—泄油阀；11—电缆及电缆护罩；12—油管；13—地面电缆；
14—井口装置；15—接线盒；16—控制柜；17—变压器

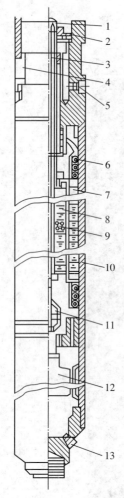

图 2-2　潜油电动机结构示意图

1—扁电缆；2—止推轴承；
3—轴；4—电缆头；5—注油阀；
6—引线；7—定子；8—转子；
9—扶正轴承；10—壳体；
11—润滑叶轮；12—滤网；
13—放油阀

动转矩大，0.3s 即可达到额定转速；转动惯量小，滑行时间一般不超过 3s；绝缘等级高，绝缘材料耐高温、高压和油气水的综合作用；电动机内腔充满电动机油以隔绝井液和便于散热；有专门的井液与电动机油的隔离密封装置——保护器。潜油电动机结构如图 2-2 所示，它由定子、转子、止推轴承和机油循环冷却系统等部分组成。

1）定子

定子的功能是产生旋转磁场，将电能转变成磁能，主要包括定子铁芯、黄铜夹段和定子绕组等。定子铁芯是由许多彼此绝缘的圆形硅钢片重叠而成的，铁芯内圆周上有用来嵌入绕组导线的玉米形切槽，外圆周电动机油循环的油槽。定子铁芯横截面目前有两种形式（图 2-3）：一种是开式结构；另一种是闭式结构。

黄铜夹段是为了防止转子扶正轴承被磁化而加入的一段磁阻较大的黄铜。

定子绕组是较粗的外面包裹有耐油、气、水，耐高温高压和高绝缘强度材料的均匀铜导线，输送励磁电流。绕组制作有两种方式：一种是工程塑料挤制；另

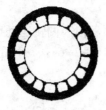 

(a) 闭式结构　　　　　　(b) 开式结构

图2-3　定子截面示意图

一种是薄膜绕包烧结。定子绕组都是星形连接，星点结构一般如图2-4所示。

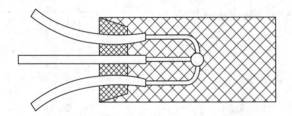

图2-4　星点结构示意图

2）转子

转子是产生感应电流而受力转动并将电磁能转变成机械能的部分，由转子铁芯、鼠笼式转子绕组、轴和键组成，如图2-5所示。同定子一样，转子也由许多段组成，每段通过键与轴相连，各段转子间有扶正轴承，扶正轴承与黄铜夹段相对应，转子的上下端用螺帽或卡簧固定。

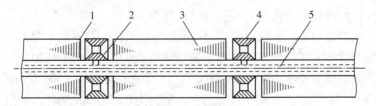

图2-5　电动机转子总成示意图

1—鼠笼式转式绕组；2—油道；3—硅钢片；4—扶正轴承；5—轴

3) 止推轴承

止推轴承除承担轴向载荷，还承担因偏转运动而产生的径向载荷。电动机的止推轴承有两种（图2-6）：一种是滚动轴承；另一种是滑动轴承。

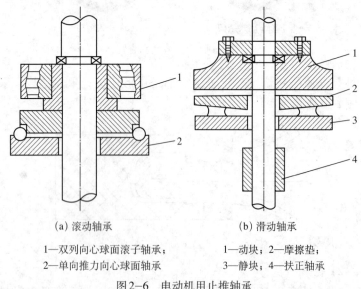

(a) 滚动轴承   (b) 滑动轴承

1—双列向心球面滚子轴承；   1—动块；2—摩擦垫；

2—单向推力向心球面轴承   3—静块；4—扶正轴承

图2-6 电动机用止推轴承

4) 循环冷却系统

电动机冷却系统由润滑叶轮、滤网、定子油道、油孔和空心电动机轴及电动机油等组成，如图2-2所示，带走电动机定子和转子在交流和涡流作用下产生的热量，达到冷却电动机和保护绝缘材料的作用，延长电动机寿命。

潜油电动机油的性能必须达到如下要求：闪点不低于150℃；凝固点不高于-40℃；介电损失剪切角为0.001～0.002（20℃）；介电强度不低于20kV/mA（20℃）；体积电阻为$10^{14} \sim 10^{16} \Omega /cm^3$（20℃）；黏度为0.87mPa·s左右；密度为0.87g/cm^{3}左右；酸值为0.021mg/g KOH当量；长期工作在80～120℃、8～12MPa及2800～2900r/min条件下性能稳定。

电动机的型号表示为：

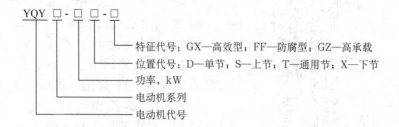

特征代号：用字母表示，当共存有多项特征时，可采用相应的多项特征代号表示，特征代号间用左斜杠隔开。

示例：潜油电泵用功率为45kW的114系列上节防腐型高承载电动机表示为YQY114-45S-FF/GZ。

2. 电动机保护器

电动机保护器是潜油电泵所特有的，其位于电动机与吸入及处理装置之间，上端与吸入及处理装置相连，下端与电动机相连，它像是一个纽带一样，起到起承转合对电动机有所保护的作用。其基本作用有以下四个方面：

（1）密封电动机轴动力输出端，防止井液进入电动机。

（2）保护器充油部分允许与井液相通起平衡作用，平衡电动机内外腔压力，容纳电动机升温时膨胀的电动机油和补充电动机冷却时电动机油的收缩和损耗的电动机油。

（3）通过其内的止推轴承承担泵轴、吸入及处理装置轴和保护器轴的重量及泵所承受的任何不平衡轴向力。

（4）起连接作用，连接电动机轴与泵、吸入及处理装置轴，连接电动机壳体与泵、分离器壳体。

保护器的种类很多，从原理上可以分为连通式保护器、沉淀式保护器和胶囊式保护器等三种。对于一般井，只用一种保护器；对于特殊井，有用两级或多级串接的组合式保护器，一般组合方式是沉淀式保护器+胶囊式保护器。

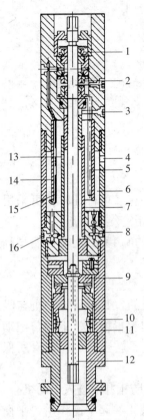

图2-7 连通式保护器结构示意图

1—单端面; 2—双端面; 3—放气阀;
4—连通孔; 5—回油管;6—连通室;
7—护轴管; 8—注油阀; 9—轴承;
10—过滤器;11—壳体;12—轴;
13—呼吸孔;14—隔离套;
15—供油管;16—放油阀

图2-7是连通式保护器的结构示意图,是根据虹吸原理制成。主要由机械密封、止推轴承、止推轴承座、壳体、接头总成和注油阀组成。保护器的护轴管、呼吸孔、隔离套、上壳体、连通孔组成"U"形管,使电动机内腔压力与井液压力相差很小,基本处于平衡状态。其关键部件是三道机械密封。

图2-8为沉淀式保护器示意图,主要由机械密封、沉淀室、沉淀管、轴及止推轴承组成,中间为止推轴承,上下两端为沉淀室。其主要是根据井液与电动机油(相对密度为1.8～2.2的矿物油)的重力差将二者分开。

胶囊式保护器是比较先进的一种保护器,结构如图2-9所示,分单胶囊和双胶囊两种。主要由胶囊、单流阀、机械密封和沉淀腔组成。上部胶囊外部与井液相通,内部与电动机油相连通达到隔离井液与电动机油的目的。保护器的型号表示为:

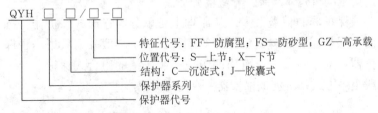

QYH □ □/□-□

特征代号:FF—防腐型;FS—防砂型;GZ—高承载
位置代号:S—上节;X—下节
结构:C—沉淀式;J—胶囊式
保护器系列
保护器代号

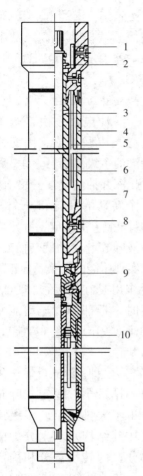

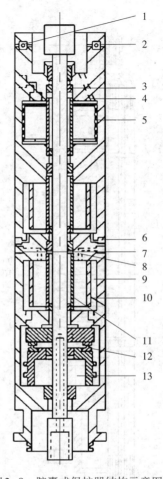

图2-8 沉淀式保护器结构示意图

图2-9 胶囊式保护器结构示意图

1—连通管；2—端面密封；3—连通孔；
4—壳体；5—沉淀管；6—护轴管；
7—沉淀室；8—注油阀；
9—止推轴承；10—轴

1—平衡阀入口；2—平衡阀出口；
3—机械密封；4—连通管；5—胶囊；
6—注油孔；7—放气孔；8—连通孔；
9—沉淀室；10—隔离筒；11—护轴管；
12—止推轴承；13—过滤器

　　特征代号：用字母表示，当共存有多项特征时，可采用相应的多项特征代号表示，特征代号间用左斜杠隔开。

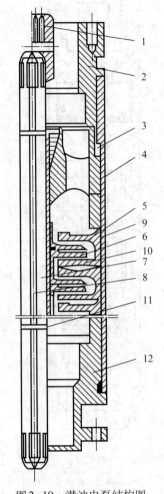

图2-10 潜油电泵结构图

1—花键套；2—泵头；3—上部轴承总成；
4—泵壳；5—导轮；6—叶轮；7—泵轴；
8—键；9—上止推垫；10—下止推垫；
11—卡簧；12—泵底座

示例：潜油电泵用130系列胶囊式防腐型高承载上节保护器表示为：QYH130J/S-FF/GZ。

3. 潜油电泵

潜油电泵是由多个单级离心泵串联而成，因此称之为潜油多级离心泵。是一种现代化深井抽油设备。每一级由一个转动的叶轮和一个固定的导轮（壳）组成，叶轮内的油液随着叶轮的旋转而旋转，以实现压能的转换。导轮的主要作用是在转换液体压能的同时，把部分高速动能变成低速（举升）能量（势能），泵的叶轮分"浮式"叶轮和"固定"式两种。浮式叶轮多用于中小排量泵；固定式叶轮一般用于大排量泵。多级离心泵按其结构基本上分为两个部分，即转动部分和固定部分。转动部分主要有轴、键、叶轮、摩擦垫、轴两端的青铜轴套和限位卡簧；固定部分主要有导壳、泵壳、上轴承外套及下轴承外套等，如图2-10所示，与普通离心泵相比，在结构上有以下特点：

（1）直径小、长度大、级数多。由于受套管的内径限制，泵的外径小；但要求的压头高达几千米，因此级数多、长度大；由于工艺制造因素，一般分成数节，例如雷达550m³/d泵，扬程1000m的多级离心泵有五节394级，总长度为18.63m。

（2）轴向卸载、径向扶正。为了消除轴向力而引起的泵轴弯曲偏摆、叶轮振动，采用轴向卸载、径向扶正机构。

（3）泵吸入口有脱气装置。为了防止井液中的气体进入多级离心泵，在吸入口处装有油气分离器，以提高泵效。

潜油电泵的型号表示方法为：

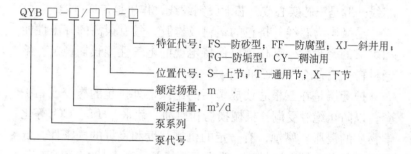

特征代号：用两位字母表示，当共存有多项特征时，可采用相应的多项特征代号表示，特征代号间用左斜杠隔开。

示例：额定排量250m³/d，额定扬程1500m的98系列防砂防腐型上节泵表示为：QYB 98-250/1500S-FS/FF。

4. 潜油电缆

潜油电缆是电动机与地面供电和控制系统相联系传送电力的桥梁和（PSI/PHI）信号的通道，是一种耐油、耐盐水、耐其他化学物质腐蚀的油井专用电缆，工作于油套管之间。分为小扁电缆（又叫电动机引线，俗称小扁）、大扁电缆（俗称大扁）和圆电缆，图2-11是其结构示意图。按温度等级可以分为90℃、120℃、150℃等3个等级，部分厂家还可生产更高等级的潜油电缆。

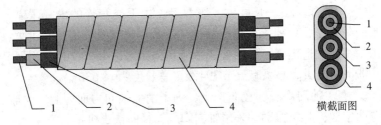

图 2-11　电缆结构示意图

1—导体；2—绝缘层 ；3—护套层；4—铠装层

电缆一般由导体、绝缘层、护套层和钢带铠装组成。导体芯线一般是三芯实心或三芯七股铜绞线，作用是传递电能。

绝缘层为芯线外挤包的塑料或橡胶，具有很高的介电性能和可靠的密封性，其作用是保持电缆的电气性能长期稳定。绝缘材料一般有乙丙橡胶和聚丙烯等。

护套层是在三根芯线成缆后的绝缘层外挤包的橡胶或铅护套，以防止绝缘受潮、机械损伤和原油、盐水、H_2S、CO_2 等化学物质的浸胀、腐蚀，有一定的机械强度和良好的气密性。低于 90℃的井，护套层材料一般为丁腈橡胶，高于 120℃和高含气井一般采用铅护套。

钢带铠装处于电缆的最外面，为瓦楞结构，对护套层起束缚作用和防止下井过程的机械损伤。一般井采用镀锌钢带，腐蚀性大的井采用 Monel 合金材料。

衡量潜油电缆的基本性能指标有绝缘电阻、直流电阻、电容、电感和直流耐压，部分厂家也有工频耐压。绝缘电阻用于衡量绝缘性能，越高越好，一般大于 1000MΩ/km，采用摇表测量。直流电阻是衡量电缆压降损失的指标和电缆尺寸选择依据，可以用电桥直接测量，也可以计算，其每千米长度的电阻值只有几个欧姆，一般 4Ω 以下。交流耐压可衡量电缆绝缘材料的绝缘强度，可以通过室内水池实验进行测定和出厂检验的。电容和电感随材料、结构和长度变化，测试仪表精度较高，一般不作出厂检验。

电缆的型号表示方法为：

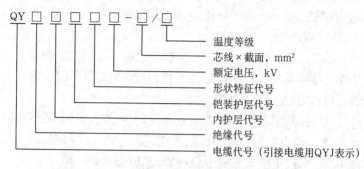

温度等级：导体最高工作温度分为90℃（90），120℃（120），150℃（150），180℃（180），204℃（204）。

形状特征代号：

Y——圆形；

省略——扁形。

绝缘材料代号：

P——聚丙烯（包括改性聚丙烯）；

E——乙丙橡胶；

YJ——交联聚乙烯；

YE——聚酰亚胺－F46复合薄膜/乙丙橡胶组合绝缘；

YF——聚酰亚胺－F46复合薄膜/聚全氟乙丙烯组合绝缘。

护套（包括内护套）材料代号：

Q——铅（铅合金），用表示；

E——乙丙橡胶；

H——氯磺化聚乙烯；

F——丁腈聚氯乙烯复合物；

N——丁腈橡胶。

铠装护层代号：

M——蒙乃尔钢带铠装；

省略——镀锌钢带铠装；

X——不锈钢带铠装。

示例1：额定电压3kV，聚丙烯绝缘，丁腈橡胶内护套，蒙乃尔钢带铠装3×16mm²导体最高工作温度90℃扁形潜油电缆，表示为：QYPNM3-3×16/90。

示例2：额定电压6kV，乙丙橡胶绝缘，乙丙橡胶护套，镀锌钢带铠装3×20mm²导体最高工作温度120℃圆形潜油电缆表示为：QYEEY6-3×20/120。

示例3：额定电压6kV，聚酰亚胺-F46复合薄膜/乙丙橡胶组合绝缘，铅内护套，蒙乃尔钢带铠装3×10mm²导体最高工作温度120℃引接电缆，表示为QYJYEQM6-3×10/120。

5. 引接电缆（电缆头）

引接电缆（电缆头）具有电缆的全部性能外，还具有结构尺寸小便于操作，又可与电动机可靠连接，一般潜油电泵生产厂家随机组配套，其结构如图2-12所示。

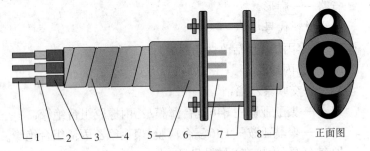

正面图

图2-12　引接电缆（电缆头）结构图

1—导体；2—绝缘层；3—护套层；4—铠带层；5—电缆头；
6—插头；7—装配螺栓；8—护罩

6. 变压器

图2-13是变压器的原理示意图，当一个正弦交流电压U_1加在初级线圈两端时，导线中就有交变电流I_1并产生交变磁通ϕ_1，它沿着铁心穿过初级线圈和次级线圈形成闭合的磁路。在次级线圈中感应出互感电势U_2，同时ϕ_1也会在初级线圈上感应出一个自感电势E_1，E_1的方向与所加电压U_1方向相反而幅度相近，从而限制了I_1的大小。为了保持磁通ϕ_1的存在就需要有一定的电能消

耗，并且变压器本身也有一定的损耗，尽管此时次级没接负载，初级线圈中仍有一定的电流，这个电流我们称为"空载电流"。

如果次级接上负载，次级线圈就产生电流I_2，并因此而产生磁通ϕ_2，ϕ_2的方向与ϕ_1相反，起了互相抵消的作用，使铁心中总的磁通量有所减少，从而使初级自感电压E_1减少，其结果使I_1增大，可见初级电流与次级负载有密切关系。当次级负载电流加大时I_1增加，ϕ_1也增加，并且ϕ_1增加部分正好补充了被ϕ_2所抵消的那部分磁通，以保持铁心里总磁通量不变。如果不考虑变压器的损耗，可以认为一个理想的变压器次级负载消耗的功率也就是初级从电源取得的电功率。变压器能根据需要通过改变次级线圈的圈数而改变次级电压，但是不能改变允许负载消耗的功率。

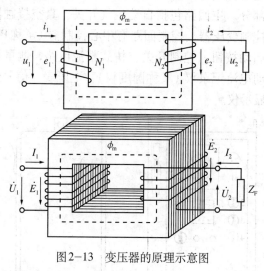

图2-13 变压器的原理示意图

变压器的型号表示方法为：

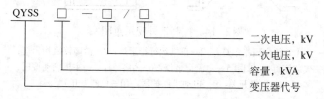

示例：容量100 kVA，一次电压6 kV，二次电压1.5 kV 的潜油电泵用三相油浸三线圈变压器表示为：QYSS100−6/1.5

7. 控制柜

控制柜是一种专门用于潜油电泵启停、运行参数监测和电动机保护的控制设备，分手动和自动两种方式。具有短路保护、三相过载保护、单相保护、欠载停机保护延时再启动、自动检测和记录运行电流、电压等参数的功能和环节。目前，某些潜油电泵控制设备生产厂家针对海上油田稠油井开发出了具有数据储存、数据远传、设备遥控、绝缘和电阻自动检测、反限时保护、三相电流电压不平衡保护等功能的潜油电泵控制柜。

目前比较流行使用的潜油电泵控制柜外观和组成如图2-14所示，其电气控制部分有三大部分，即主回路、控制回路和测量显示三部分。主回路包括自动空气开关、真空接触器、电流互感器、控制变压器，控制回路有中心控制器（常称PCC）、选择开关、启动按钮、控制开关、桥式整流电路，测量显示部分主要有自动电流记录仪（又称圆度仪）、电压表、信号灯和井下压力温度显示仪。

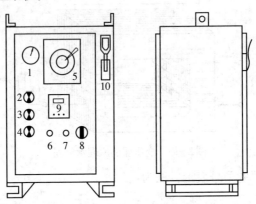

图2-14　控制柜外观示意图

1—主电动机电压指示灯；　2—正常运行指示灯；3—故障停机指示灯；
4—欠载停机指示灯；5—电流记录仪；6—熔断器；7—主机启动按钮；
8—选择开关；9—电动机保护器；10—总闸刀开关

使用环境要达到以下条件：海拔不超过1000m，环境温度在 $-20 \sim 40$℃，相对湿度不超过80%，无易燃气体，在爆炸环境中无腐蚀和破坏绝缘的气体及导电尘埃，无剧烈振动和强力颠簸，安装垂直倾斜度不超过5°。

其工作原理是：当主回路自动空气开关合上后，接上控制开关，控制回路经控制变压器获得一个110V的控制电压，把选择开关转到手动位置，在检查、调整和确认设定参数后，按下启动按钮，中间继电器吸合，常开触点闭合，真空接触器吸合，主回路接通，地面高压电源经接线盒和动力电缆送给井下电动机，电动机就开始运行，其面板上的运行指示灯亮。PCC随时监测电动机的运行电压电流，当运行电流超过PCC的过载设定值（一般为电动机额定电流的 $1.2 \sim 1.5$ 倍）时，PCC发出信号中断中间继电器线圈电源而使常开触点断开，真空接触器线圈失电，触点断开，主回路失电，电动机停止运行，运行灯熄灭，过载指示灯亮。当运行电流低于PCC的欠载设定值（一般为电动机额定电流或运行的 $0.7 \sim 0.8$ 倍时，PCC发出停机信号（其过程与过载相同），电动机停止运行，运行灯熄灭，欠载指示灯亮。

目前，随着电动机保护要求的提高和保护数学模型的发展，提出了更多的电动机保护工况，如：单相保护、过电压保护、过电流保护、电压不平衡保护、电流不平衡保护、低流压保护、过温保护等，其停机保护原理和过程与过欠载相似。

控制柜的额定参数有：额定电压、额定电流和容量等。

控制柜的型号表示方法为：

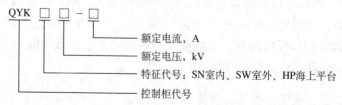

示例：额定电流60A，额定电压3kV室内用的潜油电泵专用控制柜表示为：QYKSN 3–60。

二、检验依据主要标准

（1）电动机检验主要依据GB/T 16750—2008《潜油电泵机组》，检验项目包括绕组直流电阻、冷态绕组绝缘电阻、空载试验、转子滑行时间、超速试验、堵转试验、温升试验、电动机效率、功率因数、转差率、热态绝缘电阻、最大转矩、电动机油工频耐压、密封试验等。

（2）电动机保护器检验主要依据GB/T 16750—2008《潜油电泵机组》，检验项目包括气压试验、动态试验、运行后电动机油工频耐压等。

（3）潜油电泵检验主要依据GB/T 16750—2008《潜油电泵机组》，检验项目包括额定排量、额定扬程、轴功率、泵效等。

（4）潜油电缆检验主要依据GB/T 16750—2008《潜油电泵机组》，检验项目包括铠装质量、电缆外形尺寸、导体标称直径、绝缘层护套层厚度、绝缘电阻、导体直流电阻及不平衡率、工频耐压、4h高电压、直流泄漏、高温高压等。

（5）电缆头检验依据GB/T 16750—2008《潜油电泵机组》，检验项目包括密封性能、电缆头工频耐压、高温高压等。

（6）潜油变压器检验依据GB/T 16750—2008《潜油电泵机组》，检验项目包括绕组绝缘电阻、直流电阻、电压比测量及电压矢量关系校定、外施耐压、感应耐压、空载损耗与空载电流、负载损耗与阻抗电压、温升试验、变压器油击穿电压、密封性能等。

（7）潜油控制柜检验依据GB/T 16750—2008《潜油电泵机组》，检验项目包括主电路相对地绝缘电阻、控制电路对地绝缘电阻、主电路工频耐压、控电路工频耐压、三相电流显示误差、过载保护和延时功能、欠载保护和延时功能、欠载延时时间内自动启动功能、单相保护功能等。

三、检验主要仪器设备

（1）潜油电动机检测装置主要包括：高压供电系统，流程系统和测控系统。

①高压供电系统：为检测系统提供6000伏的高压，由变压器、调压器、高压变频器、高压计量柜、高压电控柜组成。

②流程系统：试验流程系统应由试验井、强制循环加热系统、冷却系统、增压系统、补水系统、热胀冷缩补偿系统组成。系统能进行常温至180℃，压力从0~40MPa的高温高压潜油电泵性能试验，同时满足0~5000m³/d流量范围要求。

③测控系统：系统能自动采集和处理试验数据，可测量流量、压力、转速、温度、电网频率、电流、电压、功率、扭矩、电阻、滑行时间等参数。

系统仪器配置见表2-1

表2-1 系统配置的主要仪器仪表

检测参数	仪器仪表名称	量程	精度，±%
流量Q	流量仪	0~5000m³/d	≤0.1
	电磁流量变送器		≤0.5
扬程H	扬程真空仪	0~6000 m	≤0.1
	压力变送器		≤0.1
转速n	振动测速仪（含加速度传感器）	≤3800r/min	≤0.2
工频f	测速仪（含感应线圈、霍尔传感器）	≤3800r/min	≤0.1
电阻R	电阻温度仪	0~39.999Ω	$R \leqslant 0.1$
温度T	温度传感器	0~200℃	$T \leqslant \pm 0.5℃$
功率P	三相功率仪	$I \leqslant 5A$，$U \leqslant 100V$	≤0.2
电流I	电流互感器	(10~400)/5 A	≤0.05
电压U	电压互感器	(500~5000)/100V	≤0.05
堵转转矩 T_k	扭矩仪（测堵转转矩）	0~10000N·m	≤0.5
	转矩转速传感器		
扭矩M	扭矩仪	0~2000N·m	≤0.2
滑行时间 t	滑行时间测量仪	2s≤t≤6s	分辨率0.01s
振动	多路振动测量仪	0~8mm/s	≤0.2

（2）电动机保护器检测主要仪器设备见表2-2。

表2-2　电动机保护器检测主要仪器设备

序号	检测参数	设备名称	量程	精度
1	压力	氧压表	0~0.1MPa 0~1MPa 0~25MPa	±2.5%
2	功率	转矩转速仪	/	0.05%
3	油品耐压	自动油试验器	0~100kV	±2.5%

（3）潜油电泵主要检验设备同电动机。

（4）潜油电缆检测仪器设备的配置见表2-3。

表2-3　潜油电缆检测仪器设备一览表

名称	量程	准确度	分辨力
电缆长度仪	1~1999m	±（2%读数+5个字）	0.1~1999m/0.1m
数显卡尺	0~300mm		0.01mm
投影仪	0~150mm		0.005mm
直流双臂电桥	$10^{-2}~10^{3}\Omega$	≤0.05%	
绝缘电阻测试仪	0~100000MΩ	±10%	
工频耐压频谐振试验仪	0~20kV	±5%	
高压试验器	0~50kV	±3%	
电缆头气密封试验装置	30~160℃ 0~0.6MPa	温度误差±3℃ 0.4级	
电缆高温高压检测装置	温度： 室温~220℃ 压力： 0~120MPa	温度： ±3℃ 压力： ±0.3MPa	

（5）潜油变压器检测仪器设备配置见表2-4。

表2-4　变压器检测仪器设备配置一览表

序号	检验项目	名称	测量范围	准确度
1	绕组绝缘电阻	兆欧表	0~50 000MΩ	1.5%
2	直流电阻	精密级携带式 直流双电桥	0~1 000Ω	≤0.05%

序号	检验项目	名称	测量范围	准确度
3	电压比测量	变压比电桥	1.02～111.12	±0.2%
4	电压矢量关系校定			
5	外施耐压	高压试验器	0～50kV	2.0
6	感应耐压	感应耐压试验装置	互感器 1 000/100	0.05级
			仪表 100V	0.2%
7	空载损耗与空载电流	变压器检测装置	电流互感器 50/5 20/5 10/5	0.1级
			电压互感器 600/100 500/100	0.05级
8	负载损耗与阻抗电压		电压表 0～100V	≤0.1%
9	温升试验		电流表 0～5A	≤0.1%
			温度表 0～120℃	±0.5℃
10	变压器油击穿电压	自动油试验仪	0～100kV	≤2.5%
11	密封试验	密封试验装置	0～1MPa	0.4%

变压器空载、负载、温升检测系统框图见图2-15。

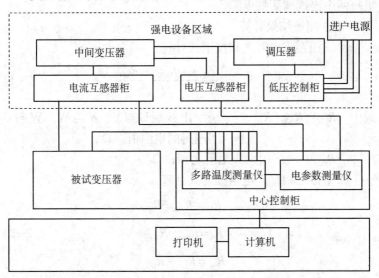

图2-15 变压器空载、负载、感应耐压、温升检测系统框图

（6）潜油控制柜检测主要仪器设备见表2-5。

表2-5　潜油控制柜检测主要设备一览表

仪器名称	测量误差	准确度
绝缘电阻测试仪	$0 \sim 100G\Omega$	10级
高压试验控制箱	$0 \sim 10kV$	20级
潜油电泵控制柜测量仪	$0 \sim 200A$	1%
	$0 \sim 24h$	$\pm 0.05\%$

四、检验程序

1. 潜油电动机检验

1）绕组直流电阻不平衡率

（1）测量要求：测量绕组直流电阻，应在实际冷状态（将被试电动机放在室内，使绕组温度与室温差不超过2K）下进行。

（2）测量方法：测量时，电动机转子应静止不动，在电动机每两个出线端测量电阻。

（3）测量结果计算：

①三相直流电阻之和按下式计算：

$$R_{med} = \frac{R_{UV} + R_{VW} + R_{WU}}{2} \qquad (2-1)$$

式中　R_{UV}、R_{VW}、R_{WU}——绕组出线端U与V、V与W、W与U间测得的电阻值，Ω；

　　　　R_{med}——三相直流电阻之和，Ω。

②星接三相直流电阻按下式计算：

$$\left.\begin{array}{l} R_U = R_{med} - R_{VW} \\ R_V = R_{med} - R_{WU} \\ R_W = R_{med} - R_{UV} \end{array}\right\} \qquad (2-2)$$

式中　R_U、R_V、R_W——绕组各相电阻，Ω。

③角接三相直流电阻按下式计算：

$$R_U = \frac{R_{VW} \cdot R_{WU}}{R_{med} - R_{UV}} + R_{UV} - R_{med}$$

$$R_V = \frac{R_{WU} \cdot R_{UV}}{R_{med} - R_{VW}} + R_{VW} - R_{med} \left.\right\} \quad (2-3)$$

$$R_W = \frac{R_{UV} \cdot R_{VW}}{R_{med} - R_{WU}} + R_{WU} - R_{med}$$

④三个线端直流电阻的平均值按下式计算：

$$R_{mav} = \frac{R_{UV} + R_{VW} + R_{WU}}{3} \quad (2-4)$$

式中　R_{mav}——三个线端直流电阻的平均值，Ω。

⑤　对星形接法的绕组按公式 (2-5) 计算，对三角形接法的绕组按公式 (2-6) 计算。

$$R = \frac{1}{2} R_{mav} \quad (2-5)$$

$$R = \frac{3}{2} R_{mav} \quad (2-6)$$

式中　R——绕组一相电阻，Ω。

⑥　三相直流电阻不平衡率按下式计算：

在 R_U、R_W、R_V 中确定 R_{max} 和 R_{min}。

$$\varepsilon_{mR} = \frac{R_{max} - R_{min}}{R} \times 100 \quad (2-7)$$

式中　ε_{mR}——三相直流电阻不平衡率，%；

R_{max}——R_U、R_V、R_W 中的最大值，Ω；

R_{min}——R_U、R_V、R_W 中的最小值，Ω。

2) 冷态绕组绝缘电阻

(1) 测量要求：

①根据被试电动机工作电压按表2-6选择兆欧表。

②冷态绝缘电阻测量应在实际冷状态下进行。

表2-6　兆欧表规格

电动机工作电压，V	兆欧表规格，MΩ
<500	500
500～3000	1000
>3000	2500

（2）测量方法：

①对于单节或下节电动机（尾部有星点）应测量一相对机壳绝缘电阻。

②对于通用节和上节电动机，应分别测量三相对机壳绝缘电阻及三相绕组间的绝缘电阻。

③测量后均应将绕组对地放电。

3）空载试验

（1）测量要求：根据电动机工作在油井的温度，提供相应温度的循环冷却介质，其冷却介质的流速应为该电动机所匹配泵在规定套管内的实际工作流速（以下简称工作流速）。出厂检验可不加循环冷却介质且在室温下进行。

（2）测量方法：电动机在工频额定电压下空载启动运行，使机耗达到稳定，即输入功率在半小时前后的两个读数之差不大于前一个读数的3%开始测量。

首先将电动机工作电压提高到1.1～1.3倍额定电压，然后逐渐降低电动机工作电压至可能达到的最低值（电流开始回升时为止），在此期间测7～9点，每点要同时测取三相电压、三相电流、输入功率、频率，其中额定电压时为必测点。试验结束应立即在电动机出线端测量定子绕组的直流电阻（带试验电缆）。

（3）测量结果计算：

① 空载时定子绕组铜耗按下式计算：

$$P_{oCu1} = 3I_o^2 R \qquad (2-8)$$

式中 P_{oCu1}——空载时定子绕组铜耗，W；

$\quad\quad I_o$——定子空载相电流，A；

$\quad\quad R$——试验结束后定子绕组相电阻，Ω。

②铁耗和机械耗之和按下式计算：

$$P_o{}' = P_{fe} + P_{fw}$$
$$= P_o - P_{oCu1} \qquad\qquad (2\text{-}9)$$

式中 $P_o{}'$——铁耗和机械耗之和，W；

$\quad\quad P_o$——空载输入功率，W；

$\quad\quad P_{fe}$——铁耗，W；

$\quad\quad P_{fw}$——机械耗，W。

作空载电流特性曲线$I_o = f(U_o/U_N)$[U_o为空载试验电压、U_N为额定电压，单位为伏特（V）]和空载输入功率特性曲线$P_o = f(U_o/U_N)$。为了分离铁耗和机械耗，作曲线$P_o{}' = f[(U_o/U_N)^2]$，延长$P_o{}'$曲线的直线部分与纵轴交于P点（图2-16），P点的纵坐标即为机械耗。

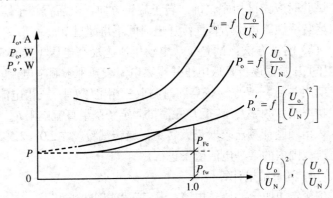

图2-16 空载特性曲线

③三相空载电流中任何一相与三相电流平均值的不平衡率按下式计算：

$$\varepsilon_{mI} = \frac{I_o - I_{av}}{I_{av}} \times 100\% \qquad\qquad (2\text{-}10)$$

式中　ε_{ml}——三相电流不平衡率，%；

　　　I_{av}——三相电流平均值，A。

4）转子滑行时间

（1）测量要求：转子滑行时间测定应在电动机空载试验后进行。

（2）测量方法：电动机空载运行稳定后（或空载试验完成后），断电停机并开始计时，至电动机转子完全停转为止，所计时间为转子滑行时间。

5）超速试验

（1）测量要求：超速试验应在空载状态下进行。

（2）测量方法：电动机在额定电压和1.2倍额定转速下启动运行2 min，试验时监视电动机转速、电流、电压，如发现异常应立即停机。

6）堵转试验

（1）测量要求：堵转试验应在电动机接近实际冷状态下进行。试验时应先试相序，确定转子旋转方向；然后将转子堵住，测取堵转特性。每次堵转连续通电时间不得超过10s。

（2）测量方法：试验应从电动机所施最高电压（即50%额定电压）开始，逐步降低电压并观察电流表到小于额定电流时为止，期间共测5～7点，每点同时测取三相电压U_k、三相电流I_k、输入功率P_k、频率f、转矩T_k并停机测定子绕组直流电阻R。

采用圆图计算法求取最大转矩，堵转试验应在2.0～2.5倍额定电流范围内的某一电流值下进行。

（3）测量结果计算：

①额定电压下的堵转电流I_{KN}按下述作图法求得。

由于堵转试验最大电压低于0.9倍额定电压，应作$lgI_K=f(lgU_K)$曲线，从最大电流的延长线查得I_{KN}（图2-17）、堵转特性曲线（图2-18）。

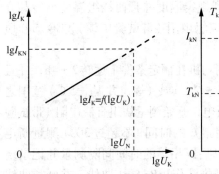 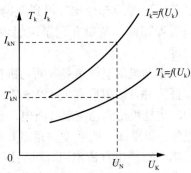

图2-17　堵转电流特性曲线　　　图2-18　堵转特性曲线

②额定电压下的堵转转矩T_{kN}按下式（2-11）计算：

$$T_{kN} = T_k \left(\frac{I_{kN}}{I_k} \right)^2 \qquad (2-11)$$

式中　T_k——实测堵转转矩$\left[T_k = 9.55 \times \left(\dfrac{P_k - P_{kCu1} - P_{kS}}{n_s} \right) \right]$，N·m；

$\quad\quad P_k$——堵转时的输入功率，kW；

$\quad\quad P_{kCu1}$——堵转时定子绕组损耗，kW；

$\quad\quad I_{kN}$——额定电压下堵转电流，A；

$\quad\quad P_{kS}$——堵转时的杂散损耗（取$P_{kS}=0.05\,P_k$），kW；

$\quad\quad n_s$——电动机同步转速（$n_s = \dfrac{60f}{p}$），r/min；

$\quad\quad f$——实测电源频率，Hz；

$\quad\quad p$——电动机极对数。

7）温升试验

（1）测量要求：温升试验采用泵负载法或测功机法。冷热态绕组直流电阻应在同一出线端测量。

（2）测量方法：试验前将测温计固定在电动机与保护器之间，下入试验井，放置一段时间使绕组温度与冷却介质温度相同（视温度差大小确定时间）；高温电动机若在规定使用温度下试验，应将冷却介质升温到规定温度并且使绕组温度与冷却介质温度相同。测量并记录绕组电阻（带试验电缆）和冷却介质温度。

电动机用泵做负载或测功机在额定条件下运转2~4h，并且保证入井介质温度在（室温±2℃）或（规定井温±5℃）范围之内，电动机达到稳定温升断电，开始测量绕组直流电阻（带试验电缆）和冷却介质温度。用最短的时间（不超过30s）测量断电后第一点绕组直流电阻，以后以相等的时间间隔测量并记录绕组电阻和相应时间。采用外推法作lgR=f(t)曲线，并延长曲线交于纵轴，交点的数据即为断电瞬间的绕组热态直流电阻R_f（图2-19）。

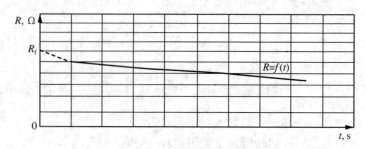

图2-19　绕组热态直流电阻测量曲线

（3）测量结果计算：

定子绕组平均温升 ΔT_1 按下式计算。

$$\Delta T_1 = \frac{R_f - R_0}{R_0}(K_a + T_0) + T_0 - T_f \qquad (2-12)$$

式中　　ΔT_1——定子绕组平均温升，K；

R_f——试验结束时绕组直流电阻，Ω；

R_0——试验开始时绕组直流电阻，Ω；

T_f——试验结束时冷却介质温度，℃；

T_0——试验开始时冷却介质温度，℃；

K_a——常数，铜绕组235，铝绕组225。

电动机试验达不到额定电流，应换算到额定功率时的绕组温升 ΔT_{N}。

当 $\dfrac{I_{\mathrm{t}}-I_{\mathrm{N}}}{I_{\mathrm{N}}}$ 在 $\pm 10\%$ 范围内时，按下式换算：

$$\Delta T_{\mathrm{N}} = \Delta T_1 \left(\frac{I_{\mathrm{N}}}{I_{\mathrm{t}}}\right)^2 \left[1 + \frac{\Delta T_1 \left(\frac{I_{\mathrm{N}}}{I_{\mathrm{t}}}\right)^2 - \Delta T_1}{K_{\mathrm{a}} + \Delta T_1 + T_{\mathrm{f}}}\right] \tag{2-13}$$

当 $\dfrac{I_{\mathrm{t}}-I_{\mathrm{N}}}{I_{\mathrm{N}}}$ 在 $\pm 5\%$ 范围时，按下式换算：

$$\Delta T_{\mathrm{N}} = \Delta T_1 \left(\frac{I_{\mathrm{N}}}{I_{\mathrm{t}}}\right)^2 \tag{2-14}$$

式中　　ΔT_{N}——额定功率时的绕组温升；

I_{N}——满载电流，即额定功率时的电流（从工作特性曲线上求得），A；

I_{t}——温升试验时的电流（取在整个试验过程最后的 1/4 时间内，按相等时间间隔测得的几个电流平均值），A。

8）效率、功率因数、转差率

（1）测量要求：采用泵负载法或测功机加载法测量电动机工作特性曲线，即电动机在额定电压和额定频率下，电动机实测输入功率 P_{mi}、定子电流 I_1、效率 η_{m}、功率因数 $\cos\phi$ 及转差率 S_{ref} 与电动机输出功率 P_{mu} 的关系曲线（图2-20）。

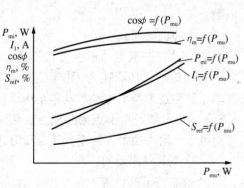

图2-20　电动机工作特性曲线

（2）测量方法：

①泵负载法：

电动机应在额定电压、额定频率、额定排量、规定的工作温度和流速下启动运行 2～4h，运行期间保证入井冷却介质温度在规定工作温度的 ±5℃范围内。输入功率稳定后开始测量。

离心泵的试验宜从零流量开始，至少要试到大流量点的 115%（大流量点是指泵工作范围内大于规定流量的边界点）。

混流泵、轴流泵和漩涡泵的试验应使阀门从全开状态开始，至少试到小流量点的 85%（小流量点是指泵工作范围内小于规定流量的边界点）。Q_{min}、小流量点、额定点、大流量点、Q_{max}，其中测十三点以上。小流量点、额定点、大流量点为必测点。

每点同时记录三相电压、三相电流、输入功率、转速、频率、流量、泵出口压力、泵出入口介质温度。

转速测量建议采用感应线圈法或振动测速仪：感应线圈法是将一只带铁心的多匝线圈密封后，紧贴在被试电动机的上端或下端，线圈与磁电式检流计相连，测量检流计光标摆动次数及所需时间；振动测速仪是将振动测速仪的传感器吸附在试验管路上，即可测量电动机转速。

停机后应测量定子绕组电阻并用外推法修正到断电瞬时的电阻。

②测功机法加载法：

试验时，被试电动机应达到热稳定状态，并且加规定工作温度的冷却水，其流速为工作流速。电动机施加 1.25 倍的额定功率，然后逐渐降低电动机功率至 0.25 倍额定功率为止，测取 6～8 点，其中额定功率点为必测点。测量时同时记录三相电压、三相电流、输入功率、转速、转矩和冷却介质温度。

（3）测量结果计算：

① 效率按下式计算：

$$\eta_m = \frac{P_{mu}}{P_{mi}} \times 100\% \tag{2-15}$$

式中　η_{m}——效率，%；

　　　P_{mi}——电动机实测输入功率，kW；

　　　P_{mu}——电动机输出功率，kW。

电动机输出功率 P_{mu} 按下式计算：

$$P_{\mathrm{mu}} = P_{\mathrm{mi}} - \Sigma P \qquad (2-16)$$

$$\Sigma P = (P_{\mathrm{Fe}} + P_{\mathrm{fw}} + P_{\mathrm{Cu1}} + P_{\mathrm{Cu2}} + P_{\mathrm{s}}) \times 10^{-3}$$

式中　ΣP——总损耗，kW；

　　　P_{Fe}——铁耗（由空载试验求得），W；

　　　P_{fw}——机械耗（由空载试验求得），W；

　　　P_{Cu1}——定子铜耗（$P_{\mathrm{Cu1}} = 3I_1^2 R_{\mathrm{1ref}}$），W；

　　　P_{Cu2}——转子铜耗 [$P_{\mathrm{Cu2}} = (P_{\mathrm{mi}} - P_{\mathrm{Cu1}} - P_{\mathrm{Fe}}) \cdot S_{\mathrm{ref}}$]，W；

　　　P_{s}——杂散损耗，W；

　　　R_{1ref}——按下式换算到基准工作温度的直流电阻，Ω（在规定温度下试验时，不需要换算）。

$$R_{\mathrm{1ref}} = R_{\mathrm{f}} \frac{K_{\mathrm{a}} + T_{\mathrm{ref}}}{K_{\mathrm{a}} + T_{\mathrm{f}}} \qquad (2-17)$$

式中　T_{ref}——基准工作温度，对 E 级绝缘为 75℃；对 F 级绝缘为 115℃；对 H 级绝缘为 130℃；

　　　S_{ref}——按下式换算到基准工作温度的转差率（在规定温度下试验时，不需要换算）：

$$S_{\mathrm{ref}} = S_{\mathrm{t}} \frac{K_{\mathrm{a}} + T_{\mathrm{ref}}}{K_{\mathrm{a}} + \Delta T_1 + T_{\mathrm{f}}} \qquad (2-18)$$

式中　S_{t}——实际排量下的转差率。

对不能实测杂散损耗的电动机，其杂散损耗取其输入功率的 0.5%。

②转差率按下式计算：

$$S_{\mathrm{t}} = \frac{N}{ft} \text{ 或 } S_{\mathrm{t}} = \frac{n_{\mathrm{s}} - n}{n_{\mathrm{s}}} \qquad (2-19)$$

式中 S_t——转差率；

　　　t——检流计摆动N次所用的时间，s；

　　　N——检流计摆动次数；

　　　f——实测电源频率，Hz；

　　　n_s——电动机同步转速，r/min；

　　　n——实测转速，r/min。

③ 功率因数按下式计算：

$$\cos\phi = \frac{P_{mi} \times 10^3}{\sqrt{3}I_1U_1} \qquad (2-20)$$

式中 $\cos\phi$——功率因数；

　　　P_{mi}——输入功率，kW；

　　　I_1——定子线电流，A；

　　　U_1——线电压，V。

9）**热态绝缘电阻**

（1）测量要求：

①按表2-7规定选择兆欧表。

表2-7　兆欧表规格

电动机工作电压，V	兆欧表规格，MΩ
<500	500
500~3000	1000
>3000	2500

②在效率、功率因数、转差率试验结束后断电进行测量。

③断电到测量时间不得超过60s。

（2）测量方法：

①在试验电缆电源接线端测量一相对地绝缘电阻。

②测量后将电缆对地放电。

10）最大转矩

采用圆图计算法或测功机实测。

（1）测量要求：采用圆图计算法时电动机应按堵转试验的要求进行试验。

（2）测量方法：圆图计算公式中的电压、电流和电阻为相电压、相电流和相电阻的三相平均值，功率为三相功率值。

圆图计算法所需参数包括：

①定子绕组电阻R_{1ref}，换算至基准工作温度时的电阻值；

②由空载试验求得的参数；

③由堵转试验求得的参数。

（3）测量结果计算：

①电流的有功分量按下式计算：

$$I_{oR} = \frac{P_o - P_{fw}}{3U_N} \qquad (2-21)$$

②电流的无功分量按下式计算：

$$I_{oX} = \sqrt{{I_o}^2 - {I_{oR}}^2} \qquad (2-22)$$

③电流按下式计算：

$$I_{kN} = I_k \frac{U_N}{U_k} \qquad (2-23)$$

④功率按下式计算：

$$P_{kN} = P_k \left(\frac{U_N}{U_k} \right)^2 \qquad (2-24)$$

⑤电流的有功分量按下式计算：

$$I_{kR} = \frac{P_{kN}}{3U_N} \qquad (2-25)$$

⑥电流的无功分量按下式计算：

$$I_{kX} = \sqrt{I_{kN}^2 - I_{kR}^2}$$ (2-26)

⑦转矩倍数 K_T 按下式计算：

$$K_T = \frac{CT}{P_m}$$ (2-27)

式中 取 $C=0.9$

K_T——最大转矩倍数。

$$P_m = \frac{P_N + P_{fw} + P_S}{1 - S_{ref}}$$

$$T = 3rU_N \tan\frac{\beta}{2}$$

$$r = \frac{1}{2}(H + K^2/H)$$

$$H = I_{kX} - I_{OX}$$

$$K = I_{kR} - I_{OR}$$

$$\tan\beta = \frac{H}{K_1} \text{ 求出 } \beta、\quad \tan\frac{\beta}{2}$$

$$K_1 = \frac{I^2_{2K}R_{1ref}}{U_N}$$

$$I_{2K} = \sqrt{K^2 + H^2}$$

⑧最大转矩按下式计算：

$$T_{max} = K_T \cdot T_N$$ (2-28)

式中 T_{max}——最大转矩，N·m；

T_N——额定转矩（按 $T_N = 9550P/n$ 计算），N·m。

11）电动机油工频耐压

（1）测量要求：电动机空载试验后从尾部取油样做工频耐压试验。

（2）测量方法：用干燥过的1000mL磨口瓶取800mL油样待无气泡后，倒入油试验器进行工频耐压试验。电极应安装在水平轴上，放电间隙2.5mm。电极之间的间隙用块规校准，要求精确到0.1mm。电极轴浸入试油深度应为40mm左右。电极面上若有因放电引起的凹坑时应更换电极。

12）密封试验

（1）测量要求：电动机各连接处采用专用护盖密封。

（2）测量方法：从电动机一端往其内腔通入干燥气体，试验气压为0.35MPa，时间为5min，同时用肥皂水涂抹各连接处和丝堵，并应观察有无气泡及渗漏。

2.电动机保护器检验

1）气压试验

（1）气压试验是为了检查保护器的密封性能，即机械密封和连接螺纹密封的性能。

（2）采用干燥气体加压。机械密封检验是将压力为0.035MPa干燥气体送入密封腔内，持续时间5min；螺纹密封检验是将压力为0.35MPa的干燥气体从保护器下端输入其内腔，同时用肥皂水涂抹各连接处和丝堵，持续时间5min。如图2-21所示。

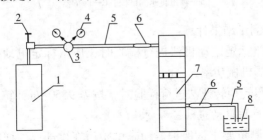

图2-21　气压试验示意图

1—氮气瓶；2—氮气瓶总阀；3—减压阀；4—压力表；5—胶管；
6—快速接头；7—保护器；8—肥皂

2）动态试验

（1）测量方法：

①标定电动机法：采用2极标定电动机与保护器相连固定在保护器动态试验架上，并按要求注油。启动标定电动机运行5min，观察并记录电压、电流，运行期间电流应平稳。

②转矩转速法：采用三相电动机、转矩转速传感器与保护器相连固定在保护器动态试验架上，按要求注油。采用转矩转速法，按要求进行仪器调零、且保护器须盘轴灵活。启动试验电动机，观察保护器的转速、功率、止推轴承腔体温度。设备运行5min后，测量记录保护器的转速、功率、止推轴承腔体温度。如图2-22所示。

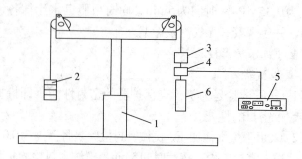

图2-22　转矩转速法示意图

1—保护器试验架；2—配重砝码；3—电动机；4—传感器；
5—转矩转速测试仪；6—保护器

（2）测量结果计算：

①按照标定电动机法进行检验时，应从标定电动机曲线上查取保护器机械功率；

②按照转矩转速法进行检验时，按$T=9550P/n$计算。

3）运行后电动机油工频耐压

（1）测量要求：保护器动态试验后在尾部取油样做工频耐压试验。

（2）测量方法：同电动机油工频耐压测量方法。

3.潜油电泵机组成套性能试验

（1）测量要求：

①将潜油电动机（试相序应与泵旋转方向一致）、保护器、吸入及处理装置、各节泵按要求下入试验井内，按其规定的使用温度供给冷却介质（冷却介质为清水）。出厂检验可在室温下进行。

②潜油电泵在额定电压、额定频率、额定排量下启动运行，运行时间应不低于0.5h。

（2）测量方法：同潜油电动机泵负载法测量方法。

（3）测量结果计算：

① 井况如图2-23所示时，扬程按下式计算：

$$H = \frac{p_2}{\rho g} + (Z_2 - Z_1) + \frac{v_2^2}{2g} \tag{2-29}$$

式中　H——扬程，m；

　　　p_2——泵出口压力，Pa。

出厂检验时式中第二、三项可忽略不计。

井况如图2-24所示时，扬程按下式计算：

$$H = \frac{p_2 - p_1}{\rho g} + (Z_2 - Z_1) + \frac{v_2^2 - v_1^2}{2g} \tag{2-30}$$

式中　p_1——泵入口压力，Pa；

　　　ρ——泵输送液体密度，kg/m^3；

　　　g——重力加速度（$g=9.81m/s^2$），m/s^2；

　　　Z_2——泵入口到井的地面测压距离，m；

　　　Z_1——泵入口到井口液面距离，m；

　　　v_2——井口出口管线内液体流速，m/s；

　　　v_1——井筒内液体流速，m/s。

出厂检验不加温时式中第二、三项可忽略不计。

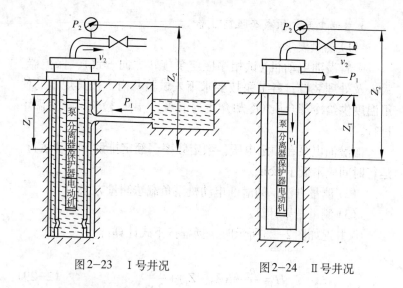

图2-23　Ⅰ号井况　　　　　图2-24　Ⅱ号井况

②实测流量Q。

③绘制潜油电泵性能曲线，即H、P_{pi}、η_p与Q的关系曲线，如图2-25所示。

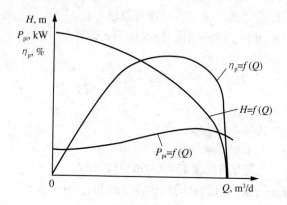

图2-25　潜油电泵性能曲线

④泵轴功率按公式 (2-31) 计算：

$$P_{Pi}=P_{mu}-P_{pfw} \tag{2-31}$$

式中 P_{Pi}——泵轴功率，kW；

P_{pfw}——保护器机耗，kW；

P_{mu}——电动机输出功率，kW。

⑤泵效按公式 (2−32) 计算：

$$\eta_{\text{p}} = \frac{P_{\text{pu}}}{P_{\text{pi}}} \times 100\% \tag{2−32}$$

式中 η_{p}——泵效，%；

P_{pu}——泵输出功率（$P_{\text{pu}} = \dfrac{\rho Q H g}{86400}$），kW；

ρ——水的密度，kg/m^3；

g——重力加速度（$g=9.81\text{m/s}^2$），m/s^2。

⑥检查泵性能时应换算到规定转速下的泵扬程、流量、轴功率按公式 (2−33) 计算（机组成套性能试验不需要换算）。

$$\left. \begin{aligned} Q_0 &= \frac{n_{\text{sp}}}{n} \cdot Q \\ H_0 &= \left(\frac{n_{\text{sp}}}{n}\right)^2 \cdot H \\ P_{\text{pi0}} &= \left(\frac{n_{\text{sp}}}{n}\right)^3 \cdot P_{\text{pi}} \end{aligned} \right\} \tag{2−33}$$

式中 H_0——泵扬程，m；

Q_0——泵流量，m^3；

P_{pi0}——泵轴功率，kW；

n_{sp}——规定转速，r/min；

n——实测转速，r/min。

4. 潜油电缆检验

(1) 铠装质量：目力观察铠带搭接处的焊口是否平整，铠带是否有开裂、脱扣等现象。

(2) 电缆外形尺寸：采用游标卡尺测量，每间隔 ≥2m 测量

1点，共测4点。取最大值（宽度×厚度）不超过标称尺寸。

（3）导体标称直径：

① 测量前的准备工作：从电缆的试样上，距端头不少于1m处除去所有外护层、护套层及绝缘层，露出芯线的长度应不小于600mm。

② 测量步骤：每个试样测量3处，各测量点之间的距离应不小于200mm。在垂直于芯线轴线的同一截面上，相互垂直的方向各测量一次。测量数据精确到小数点后两位，单位以mm计。

③ 试验结果及计算：平均外径D的测量结果应由芯线上测得各点数据的平均值表示：

$$\overline{D} = \frac{\sum\limits_{i=1}^{n} D_i}{n} \tag{2-34}$$

式中　D_i——第i次测量数值，mm；

　　　n——测量次数。

计算结果保留两位小数。

（4）绝缘层厚度测量：

① 从被测电缆的一端切取适当长度的试样一段，无损地去除试样绝缘层外的所有覆盖物和绝缘层内的导电线芯。内外半导电层若与绝缘层粘在一起，可不必去掉。

② 用锐利刀片从取样段上沿着与试样导电线芯轴线相垂直的平面切取试片一个。

③ 将试片置于投影仪的试验台上，转动工作台的升降手轮，调焦至影象清晰。

④ 用测微鼓轮移动试样，切面与光轴相垂直。

⑤ 测出试片厚度的最薄点，作为第一个测量点。

⑥ 当试片内表面呈圆形时，沿试片圆周尽可能等距离地测量6点。

⑦ 当绝缘层试片内表面呈图2-26形状的绞合线芯线痕时，各点上的厚度按图2-27所示在线痕的凹槽底部最薄处，沿试片

圆周尽可能等距离地测量6点。

⑧ 用直接测量或影像测量方法测出数据。

⑨ 测量的数据应精确到小数点后两位，单位以mm计。

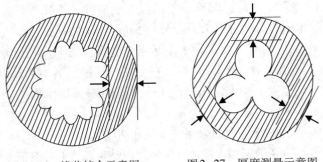

图2-26　线芯绞合示意图　　图2-27　厚度测量示意图

⑩ 测量结果及计算：测量结果应记录试片最小厚度值，试片的平均厚度δ_{avi}为各点测量值的算术平均值。

（5）护套层厚度测量：

① 从被测电缆的一端切取适当长度的试样一段，无损地去除试样护套层内外的其他附层。

② 用锐利刀片从取样段上沿着与试样导电线芯轴线相垂直的平面切取试片一个，必要时切面应仔细修平。

③ 将试片置于投影仪的试验平台上，转动工作台升降手轮，调焦至影像清晰。

④ 用测微鼓轮移动试样，切面与光轴相垂直。

⑤ 测出试片厚度的最薄点作为第一个测量点。

⑥ 当试片内表面呈圆形时，沿试片圆周尽可能等距离地测量6点。

⑦ 当试片内表面不是圆形时，按图2-27所示测量护套内表面由绝缘线芯形成的凹槽深处的厚度，芯痕凹槽一般三处全测。

⑧ 用直接测量或影像测量方法测出数据。

⑨ 测量的数据应精确到小数点后两位，单位以mm计。

⑩ 测量结果及计算：测量结果应记录最小厚度值，每个试

片的平均厚度δ_{avp}为试片各点测量值的算术平均值。

(6) 绝缘电阻：

① 试样为长样（整盘电缆）。测量应在环境温度(20 ± 2)℃、空气相对湿度不大于85%的室内或水中进行，将被测电缆在测量环境中放置2h以上，以保证试样温度与环境温度平衡。

② 试样的两个端头剥去绝缘层外的覆盖物（不能损伤绝缘表面），露出的绝缘部分长度，在空气中试验应不小于300mm；在水中试验应不小于350mm，并且两个端头露出水面的长度应不小于500mm。

③ 露出的绝缘表面应保持干燥和洁净。

④分别测量三相电缆（另外两相与铠带相连）对铠带及相间的绝缘电阻。每相测量后对地放电。

⑤ 测量结果及计算：电缆的最低绝缘电阻值按式(2-35)计算：

$$R=K\lg(D/d) \tag{2-35}$$

式中　R——绝缘电阻值，MΩ·km；

　　　K——绝缘材料的电阻常数（见表2-8）；

　　　D——电缆绝缘外径，mm；

　　　d——电缆导体标称直径（见表2-9），mm。

上式中的电缆绝缘外径(D)按式(2-36)计算：

$$D=d+2t \tag{2-36}$$

式中　t——绝缘层的最小厚度（见表2-10），mm。

表2-8　绝缘材料的电阻常数（15.6℃）　　　　单位：km·MΩ

绝缘类型	制造电缆 100% K	验收电缆 80% K
热塑性塑料（聚丙烯）	15240	12192
热固树脂（三元乙丙橡胶）	6096	4876
热塑性塑料（聚全氟乙丙烯）	36647	29318
热塑性塑料（交联聚乙烯）	5460	4368

表2-9 电缆规格、基本参数

芯数	标称截面 mm²	导体根数/单线标称直径 mm	外形尺寸不大于					
			圆电缆 mm²		扁电缆 mm × mm		引接电缆 mm × mm	
			3kV	6kV	3kV	6kV	3kV	6kV
3	10	1/3.57	—	—	—	—	11.5 × 28.5	12.5 × 32
3	13	1/4.12	—	—	14.5 × 37.5	—	11.5 × 29.5	13 × 34
3	16	1/4.62	33	35	15 × 39	16 × 41	13 × 31.5	13.5 × 35
3	20	1/5.19	34	36	16 × 40	17 × 42.5	14 × 33	15 × 37
3	33	1/6.54; 7/2.50	38	40	18 × 46	18.5 × 48.5	—	—
3	42	1/7.35; 7/2.85	40	42	19 × 49	19 × 51	—	—
3	53	7/3.16	42	44	20 × 50	20.5 × 53	—	—

表2-10 绝缘层、护套层标称厚度及公差　　　　单位：mm

电缆类型	规格	绝缘层		内护套层		钢带厚度	典型钢带宽度
		标称值 δ	公差	标称值 δ	公差		
引接电缆	3 kV	1.0	厚度平均值 ≥δ 最薄处厚度 ≥0.9δ−0.1	0.8	厚度平均值 ≥δ 最薄处厚度 ≥0.8δ−0.2	≥0.3	13
	6 kV	1.5		0.8		≥0.4	13
扁电缆	3 kV	1.9		1.3		≥0.5	15
	6 kV	2.3		1.3		≥0.5	15
圆电缆	3 kV	1.9		2.0		≥0.5	15
	6 kV	2.3		2.0		≥0.5	15

注：(1) 扁电缆内护套层材料采用铅时，标称厚变为1.0 mm。

(2) 电缆绝缘层材料采用聚全氟乙丙烯时，标称厚度为0.8 mm。

每1km长度的电缆，绝缘电阻按式 (2-37) 计算：

$$R_i = R_{it} \cdot L \qquad (2-37)$$

式中　R_i——电缆的换算电阻，$M\Omega \cdot km$；

　　　R_{it}——实测绝缘电阻，$M\Omega$；

　　　L——被测电缆的长度，km。

换算至15.6℃时的绝缘电阻 $R_{i15.6}$（MΩ·km）按式（2-38）计算。

$$R_{i15.6} = R_i \frac{K_t}{K_{15.6}}$$

（2-38）

式中 $R_{i15.6}$——温度为15.6℃时的绝缘电阻，MΩ·km；

     R_i——三相中每千米绝缘电阻最小值，MΩ·km；

     K_t——测量时温度校正系数，见表2-11；

     $K_{15.6}$——温度为15.6℃时的温度校正系数，见表2-11。

表2-11　温度校正系数

温度，℃	温度校正系数	温度，℃	温度校正系数
10.0	0.75	21.1	1.35
10.6	0.77	21.7	1.39
11.1	0.79	22.2	1.43
11.7	0.82	22.8	1.47
12.2	0.84	23.3	1.52
12.8	0.87	23.9	1.56
13.3	0.89	24.4	1.61
13.9	0.92	25.0	1.66
14.4	0.94	25.6	1.71
15.0	0.97	26.1	1.76
15.6	1.00	26.7	1.81
16.1	1.03	27.2	1.81
16.7	1.06	27.8	1.92
17.2	1.09	28.3	1.98
17.8	1.13	28.9	2.04
18.3	1.16	29.4	2.10
18.9	1.20	32.2	2.43
19.4	1.23	35.0	2.81
20.0	1.27	37.8	3.26
20.6	1.31	40.6	3.78

注：本表适用于乙丙橡胶绝缘电缆，聚丙烯和交联聚乙烯绝缘电缆也可参考使用。

（7）导体直流电阻及不平衡率：

① 试样为短样（不得小于1m）或长样（整盘电缆，但要确定其长度）。

② 除去试样两端导电线芯外表面的所有覆盖物，不得损伤导体，其长度应大于芯线周长的2倍。

③ 测量应在环境温度中进行，将被测电缆在测量环境中放置2h以上，保证环境温与芯线温度平衡。

④ 将电缆一端的三根导体用导线连接成星点，另一端的三根导体为测量端。

⑤ 测量时电桥的电位端和电流端之间的距离应不小于芯线周长的1.5倍。

⑥ 分别测量R_{UV}、R_{VW}、R_{WU}的直流电阻，读取读数，取其四位有效数字。

⑦ 被测电缆芯线的导体直流电阻R_U、R_V、R_W按式（2-39）计算：

$$\left.\begin{array}{l} R_U+R_V=R_{UV} \\ R_V+R_W=R_{VW} \\ R_W+R_U=R_{WU} \end{array}\right\} \qquad (2-39)$$

解方程得出R_U、R_V、R_W的值；

在R_U、R_V、R_W中确定R_{max}并换算至每千米直流电阻R，再按式（2-40）换算至20℃时一相直流电阻R_{20}（Ω）：

$$R_{20}=R \cdot K_T \qquad (2-40)$$

$$K_T=\frac{1}{1+0.004(T-20)}$$

式中　T——测量时温度，℃。

⑧ 三相直流电阻最大不平衡度：按式（2-41）计算出三根芯线电阻平均值，再按式（2-42）计算出三相直流电阻最大不平衡度。

$$R_{cav} = \frac{R_U + R_V + R_W}{3} \qquad (2-41)$$

$$\varepsilon_{cR} = \frac{R_{max} - R_{min}}{R_{cav}} \times 100\% \qquad (2-42)$$

式中 ε_{cR}——电阻不平衡度；

R_{cav}——三根芯线电阻平均值；

R_{max}，R_{min}——分别为三相直流电阻中最大值与最小值。

（8）工频耐压：

① 测量要求：将整盘电缆放到恒温水浴内，两个端头伸出水面的长度不得小于350mm，其余电缆应全部沉没在水中，水温（20±2℃），水浸时间2h以上。

② 被测电缆接在升压变压器的高压输出端上，接地可靠。

③ 对三相电缆分别施加表2-12规定的交流电压，其余两相和铠带相连接，并接地（接线见表2-13），重复性试验施加的电压为规定值的80%。

表2-12 电缆交流耐压测试的试验电压

电缆的额定电压（相对相），kV	试验电压，kV
3	9
6	13

表2-13 潜油电缆工频耐压试验接线方式图

电缆结构示意图	接线方式
① ② ③ 0	2+3+0 ➝ 1 1+3+0 ➝ 2 1+2+0 ➝ 3
1、2、3代表线芯导体；0代表铠皮。	

④ 电压应从不超过产品标准所规定的试验电压值的40%开始，缓慢平稳地升至所规定的试验电压值±3%为止，持续

1min；降压至所规定的试验电压值的40%然后再切断电源，不允许在高压下突然切断电源，以免出现过电压。

（9）4h高电压：取5～10m成品电缆，剥去所有外护层，将带绝缘的芯线浸入水中至少1h以上，两端伸出水面长度不小于350mm，露出不带绝缘层的芯线长度不小于50mm，然后在导体与水之间施加3倍的电缆额定相电压，4h不击穿为合格。

（10）直流泄漏：

① 试样长度不得少于300m，被测电缆两端去掉外护层，露出绝缘层350mm；再去掉100mm长左右绝缘层，露出芯线并处理干净。

② 被测电缆接在升压变压器的高压输出端上，接地可靠。

③ 按图2-28进行接线。

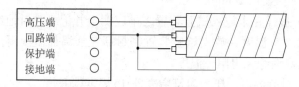

图2-28　电缆直流泄露测试接线图

④ 试验电压见表2-14。施压时要均匀平稳，升压至最高电压时间不应少于10s，达到电压规定值后持续5min，记录泄漏电流。降压时要缓慢平稳。

表2-14　电缆直流耐压测试的试验电压

电缆耐压等级，kV	绝缘层厚度，mm	制造电缆，kV	验收电缆，kV
3	1.9	27	22
6	2.3	35	28

⑤ 试验结果及计算：换算至每千米泄漏电流 I'_b（μA）按公式（2-43）计算，精确到小数点后一位。

$$I'_b = \frac{I_{bt}}{L} \qquad (2-43)$$

式中　I'_b——每千米泄漏电流，μA/km；

　　　I_{bt}——实测泄漏电流，μA；

　　　L——被测电缆长度，km。

换算至15.6℃时每千米泄漏电流按公式（2-44）计算。

$$I'_{bt} = \frac{I'_b}{K_t} \tag{2-44}$$

式中　I'_{bt}——15.6℃时每千米泄漏电流，μA/km。

（11）高温高压试验：

① 试验电缆为短样时，采用高温高压专用试验装置。在装置容器内按1:1比例加入清水、柴油或汽轮机油HU-20、HU-30。电缆两端密封，伸出试验装置长度应不小于250mm，芯线裸露长度应不小于50mm。

② 短样在未放入试验装置之前应测量并记录其对地绝缘电阻、温度、湿度；放入试验装置密封后在加温加压前再测量并记录其对地绝缘电阻、温度。

③ 试验温度、压力应符合表2-15规定。

表2-15　电缆高温高压试验温度、压力一览表

井下环境温度℃	电缆导体长期工作温度℃	容器内温度℃	容器内压力MPa	试验持续时间，h	
				一般检验	仲裁检验
150	205	205±5	20		
120	175	175±5	20		
90	145	145±5	20	4	24
50	≤100	100±5	20		

④ 试验装置容器内加压、加温，至规定值并恒定4h；每隔1h用绝缘电阻测试仪（2500V）测量并记录对地绝缘电阻、温度、压力值。

5. 电缆头检验

（1）电缆头密封性能：

① 取一个带一段引接电缆的电缆头，引接电缆长度不小于3m，检查其外观及密封面是否完好。

② 将电缆头安装到特制接头上，并保证密封完好。

③ 将装好的电缆头放入恒温箱内。

④ 将汽轮机油HU-20或HU-30倒入恒温箱内，油面高出电缆头及小扁电缆，盖上箱盖，加温至规定的的工作温度。

⑤ 在特制的密封接头处用干燥气体加压0.35MPa，维持5min，检查是否有泄漏现象。

（2）电缆头工频耐压试验：

① 带引接电缆的电缆头其引接电缆长度应不小于500mm。

② 将电缆头用干净的纱布擦拭干净或用变压器油、电动机润滑油洗净。

③ 将电缆头放在盛有变压器油或电动机润滑油的容器中，整个电缆头要全部浸入油中。

④ 在引接电缆端分别在每相与其他两相和铠带间施加为两倍的电动机最高额定电压加1kV。

（3）电缆头高温高压性能试验：

① 将电缆头用干净的纱布擦干净或用电动机润滑油洗净，套上密封圈用螺钉固定好端盖。

② 对与电缆头连接的引接电缆和电缆的测试端进行处理。

③ 将制作好的试样装入容器内，引接电缆一端露在外面，以上各露出端的长度不小于250mm。

④ 盖上容器压帽，并将芯线引出端密封。

⑤ 加入清水或柴油加水混合介质使容器内充满试验介质。

⑥ 检查好压力、温度测量装置，加压管线及控制系统。

⑦ 给容器内加温加压，使之达到规定的温度和压力。

⑧ 在规定的压力与温度下，保持规定的时间（一般试验为4h，仲裁试验为24h）按照测试电缆、电缆头绝缘电阻的要求进

行测试（测试电压为1kV）。

⑨ 在规定的压力与温度下每1h至少测量一次相对地绝缘电阻，仲裁试验至少4h测量一次相对地绝缘电阻。

⑩ 记录每次测试的绝缘电阻。

6.潜油变压器检验

（1）绕组绝缘电阻测量：

① 绝缘电阻的测量是考核绝缘性能、进行高压试验的参考依据。

② 绝缘电阻的测量部位（见表2-16）。

表2-16　潜油变压器绝缘电阻测量接线一览表

序号	双绕组变压器		三绕组变压器	
	被试绕组	接地部位	被试绕组	接地部位
1	低 压	外 壳	低 压	外 壳
2	高 压	外壳及低压绕组	中 压	外壳及低压绕组
3	—	—	高 压	外壳、中压及低压绕组

③ 测量应在环境温度为10~40℃，相对湿度小于85%时进行。

④ 测量绝缘电阻采用1.5级，2500V兆欧表。

（2）直流电阻的测量：

① 绕组直流电阻测定是检查线圈内部导线的焊接质量，引线与线圈的焊接质量，线圈所用导线的规格是否符合设计要求以及分接开关的接触是否良好。

② 变压器各绕组的直流电阻应分别在各绕组的出线端上测定。三相变压器绕组为星形连接无中性点引出时，应测量其线电阻，例如AB、BC、CA；如有中性点引出时，应测量其相电阻，例如AO、BO、CO。但对中性点引线电阻所占比重较大的Yn连接组低压为400V的变压器，应测量其线电阻（ab、bc、ca）及中性点对一个线端的电阻，如ao。

③ 带有分接的绕组，应在所有分接下测定其绕组电阻。测定绕组电阻时，无励磁分接开关应使定位装置进入指定位置。

三相直流电阻不平衡率按下式计算：

$$\varepsilon_{Tr} = \frac{R_{max} - R_{min}}{R_{tav}} \times 100\% \qquad (2-45)$$

式中　ε_{Tr}——三相直流电阻不平衡率；

　　　R_{tav}——高、中、低压绕组三相直流线电阻平均值，Ω；

　　　R_{max}——分别确定高、低、中压绕组三相中最大一相直流电阻，Ω；

　　　R_{min}——分别确定高、低、中压绕组三相中最小一相直流电阻，Ω。

(3) 电压比测量：高压绕组对中压各分接下绕组、高压绕组对低压绕组均应测量电压比。采用电压比电桥分别对各绕组间的电压比进行测量，并记录测量值，同时验证连接组标号是否正确。

(4) 外施耐压试验：

① 外施耐压是用于考核变压器在工频电压下主绝缘的耐电强度。试验时被试品铁芯及外壳必须可靠接地。

② 应将被试品的被试绕组所有端子短接再接高压测试线，非被试绕组所有端子短接再接地线。

③ 外施耐压试验的频率应不低于80%额定频率，最好在45~55Hz之间，按表2-17施加电压。重复性试验按表2-17规定电压的85%进行。

表2-17　变压器绕组绝缘水平

绕组工作电压，kV	外施最高电压，kV
0.38	5
3	18
6	25
10	35

④ 采用交流耐压试验装置，装置内应设短路保护功能，分别在高、中、低压绕组从低于规定电压的1/3开始缓慢施压至规定值，持续1min；然后再将电压降至零，不参加试验的绕组均应接地。接线方法如图2-29所示。

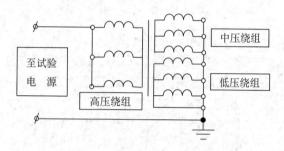

图2-29　被试变压器接线图

（5）感应耐压试验：在低压绕组施加100～200Hz、2倍的额定电压，其他绕组开路，接地可靠。感应耐压应在外施耐压后进行。

采用绕线式异步电动机反拖或中频发电动机组对低压绕组施加电压至规定值。持续时间按式（2-46）计算：

$$T = \frac{6000}{f} \qquad (2-46)$$

式中　f——实测电源频率，Hz；

　　　T——试验持续时间，s。

（6）空载损耗与空载电流的测量：在低压绕组或中压绕组的主分接施加额定频率的额定电压，其他绕组开路，器身接地可靠。首先慢慢给绕组施压至额定值为止，施压以三相线电压的平均值为准，记录三相电压有效值和平均值、三相电流、功率、频率。当波形畸变，即平均值电压表与有效值电压表读数不同时，应以平均值电压表为准，测量空载损耗、空载电流和电压，然后将电压降至零。

当 $U'=U$ 时，空载损耗 P_o，W，不需修正即：$P_o=P_{om}$；

当 $U'\neq U$ 时，空载损耗需要按式（2-47）修正：

$$P_o=P_{om}/(P_{ho}+K_U P_{vo}) \tag{2-47}$$

$$K_U=(U/U')^2$$

式中　U'——未带试品前测量电压平均值 U_1 时的有效电压表的线电压，V；

　　　U——带试品测量 U_1 时的有效电压表的线电压，V；

　　　P_{om}——实测空载损耗，W；

　　　P_{ho}——磁滞损耗与总损耗之比，见表2-18；

　　　P_{vo}——涡流损耗与总损耗之比，见表2-18。

表2-18　变压器磁滞损耗、涡流损耗与总损耗之比

材料	P_{ho}	P_{vo}
取向硅钢片	0.5	0.5
非取向硅钢片	0.7	0.3

空载电流：以平均值电压表的有效值施加额定电压所测得的三相电流的算术平均值 I_0 与额定电流 I_N 的百分数表示：

$$空载电流=\frac{I_0}{I_N}\times100\% \tag{2-48}$$

（7）负载损耗、阻抗电压的测量：

① 负载损耗和阻抗电压是变压器运行的重要参数，通过测量，验证这两项指标是否在国家标准允许范围内，并且从中发现设计与制造绕组及载流回路中的缺陷和结构缺陷。

② 阻抗电压与负载损耗的测量，应在试品的一个绕组的线端施加额定频率的电流，另一个绕组短路，试验应在主分接下进行，且在大于50%～100%的额定电流下进行。测量迅速进行，试验时绕组所产生的温升应不引起明显的误差。

③ 阻抗电压是绕组通过额定电流时的电压降，以该电压降占额定电压的百分数表示。阻抗电压测量时以三相电流的算术平均值为准，如果试验电流无法达到额定电流时，阻抗电压应按公式 (2-49) 折算，并校正到表2-19所列的参考温度。

表2-19　参考温度

绝缘的耐热等级	参考温度，℃
A B E	75
其他绝缘的耐热等级	115

$$\theta_k = \sqrt{\theta_{kt}^2 + (\frac{P_{kt}}{10S_n})^2 \times (K_t^2 - 1)} \qquad (2-49)$$

$$\theta_{kt} = \frac{U_{kt}}{U_n} \times \frac{I_n}{I_k} \times 100\%$$

式中　θ_k——参考温度下的阻抗电压，%；

θ_{kt}——绕组温度为 t℃ 时的阻抗电压，%；

U_{kt}——绕组温度为 t℃ 时流过试验电流 I_k 的电压降，V；

I_n——施加电压侧的额定电流，A；

I_k——试验电流，A；

P_{kt}——t℃ 时的负载损耗，W；

S_n——额定容量，kV·A；

K_t——电阻温度系数，即 $K_t = (235+75)/(235+t)$。

④ 负载损耗是绕组通过额定电流时所产生的损耗，测量时应以三相电流的算术平均值为准，施加额定电流，如果试验电流无法达到额定电流时，负载损耗应按额定电流与试验电流之比的平方增大，负载损耗中的电阻损耗与电阻成正比变化，而其他损耗与电阻成反比变化。两部分损耗应分别校正到表2-19所列的参考温度，通过下式计算：

$$P_k = \frac{P_{kt} + \sum I_n^2 R \times (K_n^2 - 1)}{K_t} \qquad (2-50)$$

式中 P_k——参考温度下的负载损耗，W；

$\quad\quad P_{kt}$——绕组试验温度下的负载损耗，W；

$\quad\quad K_t$——电阻温度系数；

$\quad\quad \Sigma I_n^2 R$——被测一对绕组的电阻损耗，W。

三相变压器一对绕组的电阻损耗应为两绕组电阻损耗之和，通过公式（2-51）计算：

$$P_r = 1.5 I_n^2 R_{xn} = I_n^2 R_{xg} \qquad (2-51)$$

式中 P_r——绕组的电阻损耗，W；

$\quad\quad I_n$——绕组的额定电流，A；

$\quad\quad R_{xn}$——线电阻，Ω；

$\quad\quad R_{xg}$——相电阻，Ω。

⑤ 三绕组变压器，其阻抗电压、负载损耗应在成对的绕组间进行测量。试验时，非被试绕组开路。

⑥ 当试验频率不等于额定频率时（其偏差小于5%），负载损耗可以近似相等，阻抗电压按下式校正：

$$\theta_k = \sqrt{(\theta_{kt} \times \frac{f_n}{f})^2 + (\frac{P_{kt}}{10 S_n})^2 \left[K_t^2 - (K_t^2 - (\frac{f_n}{f})^2) \right]} \qquad (2-52)$$

式中 θ_k——参考温度下的阻抗电压，%；

$\quad\quad \theta_{kt}$——试验温度下的阻抗电压，%；

$\quad\quad f_n$——额定频率，Hz；

$\quad\quad f$——试验频率，Hz；

$\quad\quad P_{kt}$——试验温度下的负载损耗，W；

$\quad\quad S_n$——额定容量，kV·A；

$\quad\quad K_t$——电阻温度系数。

（8）温升试验：被试变压器周围2~3m处不得有墙壁、热源、杂物堆积及外来辐射气流等干扰。室内自然通风，但不应引起显著的空气回流。采用短路法进行温升试验，被试变压器一侧短路，另一侧施压（在主分接下进行）。试验环境温度10～40℃。监视油顶层温度，散热器出口温度（称监视部位温升）。在不小于1000mL的油杯中放入温度计，测量环境温度，放置时间不少于2h。采用直流电桥或微欧计分别测量三绕组的线电阻并记录环境温度。应使环境温度与绕组温度平衡。

一侧绕组施压（一般高压绕组施压）至输入功率等于最大总损耗时为止。为了缩短试验时间，开始时可以提高输入功率（$1.5I_N$），使温度迅速提高，运行到油顶层温升的预定值的70%时降低功率到输入功率等于总损耗（额定发热状态），并维持输入功率恒定。每15min记录一次三相电压、电流、功率、油顶层温度、散热器出口温度。当监视部位温升连续4h每小时温升小于1K时，温升即达到稳定状态（冷却介质的温度以最后1/4时程里、相等的时间间隔内的温度的平均值）。降压断电测量绕组热态直流电阻。测量绕组热电阻的第一点时间不大于2min，每隔60 s测一点，共测10～12点。冷热直流电阻应用同一电桥。重复送电维持额定发热状态运行1h后降压断电，测量另一侧绕组电阻。

绘制$\lg R = f(t)$曲线（图2-30），确定断电瞬间绕组热态直流电阻R_2。

油顶层温升t_1按下式计算：

$$t_1 = T_1 - T_{01} \tag{2-53}$$

式中　T_1——总损耗下温升稳定后的油顶层温度，℃；

　　　T_{01}——测热电阻时冷却介质的温度取温升后1/4时程各测试点的冷却介质温度的平均值，℃。

绕组平均温升t_2按下式计算：

$$t_2 = \frac{R_2}{R_1}(K_\theta + T_{01}) - (K_\theta + T_{02}) + \frac{t_1 - t_1'}{K_\theta} \tag{2-54}$$

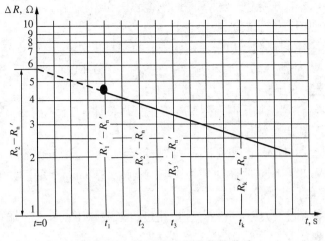

图2-30 时间和热电阻差值的关系

式中 R_1——绕组冷态直流电阻，Ω；

R_2——断电时从曲线上查得的热态绕组直流电阻，Ω；

T_{01}——测量绕组冷态电阻时的绕组温度，℃；

t'_1——额定电流下停电测量前油顶层温升（$t'_1 = T_{02} - T_1$），K；

T_{02}——额定电流下停电测量前油顶层温度，℃；

K_θ——平均油温系数（$K_\theta = \dfrac{T_1}{T_P}$）；

T_P——总损耗下的油平均温度，℃。

（9）变压器油介电强度试验：用干净、干燥油杯在变压器放油孔取样800mL。取样时应将放油孔处理干净，防止脏物落入。

用干燥过的1000mL磨口瓶取800mL油样待无气泡后，倒入油试验器进行工频耐压试验。电极应安装在水平轴上，放电间隙2.5mm。电极之间的间隙用块规校准，要求精确到0.1mm。电极轴浸入试油深度应为40mm左右。电极面上若有因放电引起的凹坑时应更换电极。

采用油耐压试验器对变压器油进行六次电压击穿检验，每次记录电压击穿值。

以六次击穿电压的算术平均值为击穿电压。

（10）密封试验：

① 密封试验是用于考核变压器的密封状况。

② 从油枕的注油孔处给变压器施加0.05MPa的气压，恒压24h观察变压器壳体是否有泄漏现象。

③ 注意，加压时所用气体应为干燥气体。

7. 潜油控制柜检验

（1）绝缘电阻测试：对被检控制柜主、控电路分别用1000V和500V进行相对地绝缘电阻测试，取1min时的读数值。

（2）工频耐压试验：

① 对被检控制柜主、控电路进行工频耐压试验，试验电压值见表2-20。

表2-20　工频耐压试验施加试验电压

试验部位	试验电压，V
控制电路	$2U_N+1000$
主电路	$2U_N+1000$ （取千伏整数）

注：U_N控制柜额定电压。

② 试验方法：对主电路的试验分别在主电路三相进线与接触器出线之间进行试验。对控制电路的试验在控制电路与外壳之间进行。

③ 加压至1min后降压断电。

（3）模拟运行试验：

① 三相电流显示误差：将模拟运行电流升至额定电流I_N（即与被检控制柜配套使用的潜油电动机的额定电流），记录中心控制器上显示的三相电流值，并按式（2-55）计算出三相电流显示误差r：

$$r = \frac{I - I'}{I} \times 100\% \qquad (2-55)$$

式中　I——电流标准值，A；

　　　I'——三相电流中最大一相显示值，A。

② 过载保护和延时功能：调整中心控制器上过载预置电位器，使过载预置值为 $1.2I_N$。试验时，电流从模拟运行电流逐渐升至被检控制柜过载动作停机，记录动作时实测电流值与过载预置值。按"欠过载延时"及"复位"按钮，启动被检控制柜，测量仪开始计时，被检控制柜过载停机时，测量仪停止计时，此时测量仪上显示的时间就是过载延时时间。

③ 欠载保护和延时功能：调整中心控制器上欠载预置电位器，使欠载预置值为 $0.75I_N$。试验时，电流从模拟运行电流逐渐降至控制柜欠载动作停机，记录动作时实测电流值与欠载整预置值。按下"欠过载延时"及"复位"按钮，启动被检控制柜，测量仪开始计时，被检控制柜欠载停机时，单板机停止计时。此时测量仪上显示的时间就是欠载延时时间。

④ 欠载延时时间内自动启动功能：调整中心控制器上延时预置电位器，使延时预置值为 30min，使被检控制柜在欠载状态下运行，按下"再启动延时"及"复位"按钮，当被检控制柜欠载停机时，测量仪开始计时；当被检控制柜自动启动时，测量仪停止计时，该时间为欠载延时自动启动时间。

⑤ 单相保护功能：当断开中心控制器三相电流的任意一相时，被检控制柜应动作停机。

五、检验结果评价

1. 潜油电动机

（1）绕组直流电阻不平衡率：三相绕组直流电阻不平衡率不应大于2%。

（2）冷态绕组绝缘电阻：25℃环境温度下相间、对地绝缘电阻均应大于1000MΩ，在其他温度下测得的绝缘电阻应按表2-21进行转换判定。电动机热状态或温升试验后，绝缘电阻应符合此项要求。

表2-21 电动机绕组绝缘电阻在热状态时或温升试验后的阻值

温　度，℃	温度系数
100	188
90	94
80	47
70	23.5
60	11.8
50	5.6
40	2.8
30	1.4
25	1
20	0.76
10	0.395
0	0.183

注：将在一定温度下测得的绝缘电阻乘以温度系数，就得到了室温（25℃）下相应的绝缘电阻值。根据此绝缘电阻值再进行判定。

（3）空载试验：当三相电压平衡时，电动机三相空载电流中任一相与三相平均值的偏差的绝对值不应大于三相平均值的10%。

（4）转子滑行时间：空载试验后，测定的转子滑行时间应不低于表2-22规定。

表2-22 电动机性能参数及容差

项目名称	电动机系列	保证值	容　差
效率，%	95/98	66	额定功率50 kW以上， −0.10（1−η）； 额定功率50 kW以下， −0.15（1−η）
	107	75	
	114/116	77	
	138	80	
	143	80	
	188/185	84	

项目名称	电动机系列	保证值	容差
功率因数	95/98	0.74	$-(1-\cos\phi)/6$ 最小：-0.02 最大：-0.07
	107	0.79	
	114/116	0.82	
	138	0.84	
	143	0.84	
	185/188	0.85	
堵转转矩倍数	95/98	1.8	-15%
	107	1.8	
	114/116	1.8	
	138	1.6	
	143	1.6	
	185/188	1.6	
最大转矩倍数	95/98	2.0	-10%
	107	2.0	
	114/116	2.0	
	138	2.0	
	143	1.7	
	185/188	1.7	
转差率，%	95/98	7.0	$+20\%$
	107	6.0	
	114/116	6.0	
	138	6.0	
	143	6.0	
	185/188	6.0	
堵转电流倍数	95/98	7.0	$+20\%$
	107	7.0	
	114/116	7.0	
	138	7.0	
	143	7.0	
	185/188	7.0	
转子滑行时间	95/98	≥1.6	
	107	≥2.5	
	114/116	≥3.0	
	138	≥3.0	
	143	≥3.0	
	185/188	≥3.0	

（5）超速试验：电动机超速试验后，应无永久性变形和妨碍电动机正常运行的其他缺陷。

（6）堵转试验：$\dfrac{I_{kN}}{I_N}$、$\dfrac{T_{kN}}{T_N}$ 符合表2-22的规定为合格。

（7）温升试验检：电动机温度应符合表2-23的规定。

表2-23　电动机温度限值

耐热等级	E	F	H
电动机最高工作温度，℃	120	155	180

（8）效率、功率因数、转差率：额定输出功率下的 η_m、$\cos\phi$、S_{ref} 符合表2-22的规定。

（9）热态绝缘电阻：同冷态绕组绝缘电阻评价方法。

（10）最大转矩检验结果评价：$\dfrac{T_{max}}{T_N}$ 符合表2-22的规定。

（11）电动机油工频耐压：10kV/2.5mm、1min 不应击穿。

（12）密封试验检验结果评价：在0.35MPa气压下、保持5min试验，各密封连接部位不应渗漏。

2. 电动机保护器

（1）气压试验检验结果评价：保护器的机械密封在静态时能承受不低于0.035MPa气压试验，保持5min不应渗漏。

（2）动态试验检验结果评价：保护器动态试验5min，驱动电动机电流应平稳。QYH86、QYH95、QYH98、QYH101型单节保护器机械损耗应小于1.0kW；QYH130、QYH172型单节保护器机械损耗应小于3.0kW。

（3）运行后电动机油工频耐压检验结果评价：10kV/2.5mm、1min 不应击穿。

3. 潜油电泵

检验结果应符合表2-24。

表2-24 泵试验验收极限

曲 线	极 限 值	验 收 区 域
扬程—流量曲线	扬程±5%，流量±5%	推荐的运行范围
轴功率—流量曲线	轴功率±8%	推荐的运行范围
泵效率—流量曲线	效率90%	额定流量点

注：推荐的运行范围是由制造商公布的最大运行范围。如果该范围没有确定，用额定流量的±20%确定。

4. 潜油电缆

（1）铠装质量：目力观察铠带搭接处的焊口是否平整，铠带是否有开裂、脱扣等现象。

（2）电缆外形尺寸：取最大值（宽度×厚度）不超过标称尺寸。

（3）导体标称直径。圆导体：（-1%～2%）标称直径，$d \leqslant 4mm$ 的镀锡圆导体：（-1%～2%）标称直径，$d > 4mm$ 的镀锡圆导体：（-1%～3%）标称直径。

（4）护套层厚度：符合表2-25规定

表2-25 绝缘层、护套层标称厚度及公差　　　　单位：mm

电缆类型	规格	绝缘层		内护套层	
		标称值δ	公差	标称值δ	公差
引接电缆	3 kV	1.0	厚度平均值 ≥δ 最薄处厚度 ≥0.9δ-0.1	0.8	厚度平均值 ≥δ 最薄处厚度 ≥0.8δ-0.2
	6 kV	1.5		0.8	
扁电缆	3 kV	1.9		1.3	
	6 kV	2.3		1.3	
圆电缆	3 kV	1.9		2.0	
	6 kV	2.3		2.0	

注：（1）扁电缆内护套层材料采用铅时，标称厚变为1.0mm。
　　（2）电缆绝缘层材料采用聚全氟乙丙烯时，标称厚度为0.8mm。

（5）绝缘电阻：换算至15.6℃时的绝缘电阻值不应小于公式（2-35）计算的电缆最低绝缘电阻值。

（6）导体直流电阻及不平衡率：换算20℃时单相的直流电阻符合表2-26的规定。三相电阻不平衡率≤2%。

表2-26　20℃时导体直流电阻标准值

导体标称截面 mm^2	导体根数/导体标称直径 mm	实际导体截面 mm^2	20℃时导体直流电阻，Ω/km ≤	
			不镀锡	镀锡
10	1/3.57	10.6	1.83	1.84
13	1/4.12	13.3	1.39	1.40
16	1/4.62	16.8	1.15	1.16
20	1/5.19	21.1	0.84	0.86
33	1/6.54	33.5	0.54	0.56
42	1/7.35	42.4	0.43	0.44
53	1/8.25	53.4	0.34	0.35

（7）工频耐压：对三相电缆分别施加表2-12中规定的50Hz交流电压5min不击穿。

（8）4h高电压：采用交流耐压试验仪进行试验，3倍的相电压，4h不击穿。

（9）直流泄漏：试验电压下所测得的泄漏电流值经过校正后不得大于标准值。

（10）高温高压：动力电缆、电缆头应模拟油井温度、压力做高温高压短样检查试验，其绝缘电阻应大于热塑性塑料绝缘1000MΩ、热固树脂绝缘500MΩ。

5. 电缆头

（1）密封性能：带引接电缆的电缆头与特制的密封接头相连，浸入汽轮机油HU-20、HU-30中或硅油中，加温至规定的工作温度。试验压力0.35MPa，持续5min，不得泄漏。

（2）电缆头工频耐压：电缆头浸在电动机油中，分别做相间、相对地交流耐压试验，试验电压为2倍的电动机最高工作电压加1kV，频率50Hz持续1min不应击穿。

（3）高温高压：动力电缆、电缆头应模拟油井温度、压力做高温高压短样检查试验，其绝缘电阻应大于热塑性塑料绝缘1000MΩ、热固树脂绝缘500MΩ。

6. 潜油变压器

（1）绕组绝缘电阻：绕组间、对地绝缘电阻：高压对中压、低压、地＞2000MΩ，中压对低压、地＞1000MΩ，低压对地＞500MΩ。

（2）直流电阻：三相直流电阻不平衡率≤2%。

（3）电压比测量及电压矢量关系校定：电压变比偏差≤±0.5%。

（4）外施耐压：试验过程中变压器无放电声、电压不突然下降、电流指示不波动为合格。如果试验过程中仅有放电声，但电流指示比较平稳，重复试验后放电现象消失，亦为合格。

（5）感应耐压：在低压绕组施加100~200Hz、2倍的额定电压，其他绕组开路，接地可靠。感应耐压应在外施耐压后进行。试验过程中变压器无放电声、电压不突然下降、电流指示不波动为合格。如果试验过程中仅有放电声，但电流指示比较平稳，重复试验后放电现象消失，亦为合格。

（6）空载损耗与空载电流：在低压绕组或中压绕组的主分接施加额定频率的额定电压，其他绕组开路，器身接地可靠。空载电流＜规定值的30%，空载损耗＜规定值的15%。

（7）负载损耗与阻抗电压：阻抗电压在规定值±10%之内为合格，负载损耗＜规定值的15%。

（8）温升试验：油顶层温升＜55K，绕组平均温升＜65K。

（9）变压器油击穿电压：施加35kV电压不击穿为合格。

（10）密封性能：变压器油箱及贮油柜施加0.05MPa干燥气体，恒压24h。在施加压力期间，无泄漏为合格。

7. 潜油控制柜

（1）主电路相对地绝缘电阻应大于 500MΩ。

（2）控制电路对地绝缘电阻应大于 2MΩ。

（3）主、控电路工频耐压试验按 $2U_N+1000V$ 施加电压值，1min 不击穿为合格。

（4）三相电流显示误差不大于 5% 为合格。

（5）过载保护和延时功能：过载停机时实测电流值与预置值的误差应 ≤ ±2.5%，延时时间为 0～10s。

（6）欠载保护和延时功能：欠载停机时实测电流值与预置值的误差应 ≤ ±2.5%，延时时间为 0～60s。

（7）欠载延时时间内自动启动功能：预置时间为 30min，测试值在 30±2min 之内为合格。

（8）单相保护功能：缺三相中任意一相均动作停机为合格。

六、产品不合格的危害

1. 潜油电动机

（1）潜油电动机产品不合格可能会造成电动机发热，破坏绝缘层，烧毁电动机。

（2）电动机效率和功率因数过低会造成耗电量增加，增加成本。

（3）密封性能不合格，造成井液进入电动机后，会烧毁电动机。

（4）不合格品会直接影响检泵周期，降低油井产量，造成巨大经济损失。

2. 电动机保护器

（1）保护器密封试验不合格会导致保护器进水，造成保护器失效。

（2）保护器失效会造成井液进入电动机，使电动机烧毁。

（3）不合格品会直接影响检泵周期，降低油井产量，造成巨大经济损失。

3. 潜油电泵

（1）泵效过低会降低泵的工作效率，从而造成耗电量增加，增加成本。

（2）潜油电泵产品装配不合格，会造成卡泵等现象发生。

（3）不合格品会直接影响检泵周期，降低油井产量，造成巨大经济损失。

4. 潜油电缆

不合格项的危害性见表2-27。

表2-27 潜油电缆不合格项的危害

序号	不合格项	危害
1	铠装质量、长度、电缆外形尺寸	任一项不合格均造成重复作业，增大劳动强度，带来经济损失
2	导体标称直径、导体直流电阻及不平衡率	任一项不合格均会损坏设备造成财产损失
3	绝缘层护套层厚度、绝缘电阻、工频耐压、4h高电压、直流泄漏、高温高压	任一项不合格均危及人身安全和健康

5. 潜油变压器

不合格项的危害性见表2-28。

表2-28 潜油变压器不合格项的危害

序号	不合格项	危害
1	电压比测量及电压矢量关系校定	变压器并联运行时损耗大、输出容量减小、严重时引起火灾，造成经济损失
2	绕组直流电阻、空载损耗与空载电流、负载损耗与阻抗电压、温升试验、密封性能、感应耐压、变压器油击穿电压	任一项不合格均缩短产品使用寿命、造成运行事故，损毁设备造成财产损失
3	绕组绝缘电阻、外施耐压	危及人身安全

6. 潜油控制柜

控制柜是潜油电泵机组的专用控制设备。潜油电泵机组的启动、运转和停机都是依靠控制柜来完成的。它由主回路、控制回路、测量回路三部分组成。能连接和切断供电电源与负载之间的电路；通过电流记录仪，能把机组在井下的运转状态反映出来；通过电压表检测机组的运行电压和控制电压；有识别负载短路和超负荷功能；借助中心控制器，能完成机组的欠载保护停机；当机组出现欠载停机时能按预定的程序自动恢复后再启动。任一项不合格都会影响潜油电泵机组的运转，从而影响油井的产量。

第二节　承荷探测电缆

一、概述

承荷探测电缆主要指能承受机械负荷（吊锤加电缆自重）情况下进行井下油矿探测的双钢丝铠装电缆，又称石油测井电缆，其功能有测井、射孔、取心等。测井电缆多为7芯，并要求其具有大长度及高强度的特性。测井电缆在石油工业中被称之为石油工人的眼睛，通过它才能知道地下是油还是气，并可测出井温、井压和井斜等技术参数，使用的重要性由此可知，并且用量也较大。

我国测井电缆的发展史可分为三个阶段：20世纪50～60年代的仿苏，70年代为改型，70年代后期为发展阶段。

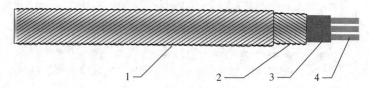

图2－31　电缆结构示意图

1—外层钢丝铠装；2—内层钢丝铠装；3—绝缘层；4—导体

承荷探测电缆的结构主要由铜导体、绝缘层以及内外铠装钢丝组成，如图2－31所示。按照导电芯数不同分为：单芯、三芯、四芯、七芯等。按照电缆直径的标称大小分有：

3.5mm、4.7mm、5.6mm、6.5mm、8.0mm、10.8mm、11.8mm、12.04mm、12.4mm、13.2mm。按照使用温度的耐热等级分为：常温电缆（−30～150℃）、高温电缆（−50～232℃）以及超高温电缆（−50～260℃）。按照屏蔽的分类分为总屏蔽及分相屏蔽加总屏蔽。按照防腐等级分为普通碳钢型和防硫化氢型（当井下硫化氢气体浓度达到5%必须使用防硫化氢电缆）。

承荷探测电缆产品型号表示方法为：

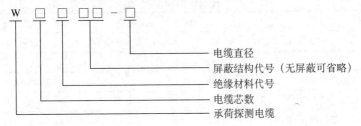

屏蔽结构代号：

P——总屏蔽；

PP——分相屏蔽总屏蔽。

绝缘材料代号：

X——天然丁苯橡皮；

E——乙丙橡皮；

B——乙烯丙烯共聚物或改性聚丙烯；

F46——聚全氟乙稀；

PFA——聚全氟烷基醚缘；

F40——乙烯—四氟乙烯共物；

F——聚四氟乙烯绝缘。

示例：七芯11.80mm聚全氟乙丙烯绝缘分相屏蔽总屏蔽承荷探测电缆。表示为：W7F46PP—11.8

二、检验依据主要标准

承荷探测电缆检验主要依据标准SY/T 6600—2004《承荷探测电缆》。检验项目包括钢丝螺旋形状稳定性试验、拉力试验、导体直流电阻试验、绝缘电阻试验、高温高水压试验、高温绝缘电阻试验、残余伸长率试验、电容试验、长度试验、结构尺寸及外观检查、工频耐压试验、低温卷绕性试验等。

三、检验主要仪器设备

检验仪器设备配置见表2-29。

表2-29　检验仪器设备配置一览表

名　　称	量　　程	准确度	分辨力
电缆长度仪	1～1999m	±（2%读数+5个字）	0.1m
数显卡尺	0～300 mm		0.01mm
投影仪	0～150mm		0.005mm
直流双臂电桥	10-2-103Ω	≤0.05%	
绝缘电阻测试仪	0～100GΩ		
耐压测试仪	0～1.2kV	±2%	
残余伸长率试验机	0～800kg		
微机控制电液伺服万能试验机	0～150kN	±1.5%	
低温试验箱	常温～-60℃	±2℃	
电缆高温高压检测装置	温度：室温～220℃ 压力：0～120MPa	温度：±3℃ 压力：±0.5MPa	

四、检验程序

1. 钢丝螺旋形状稳定性试验

由电缆的任意一端解开两根相邻的钢丝，其长度不小于0.5m，此时应不使钢丝变形，解开的钢丝应保持电缆的螺旋形状，取其中任意一根进行复位时应能回复到原来的位置上。

2. 拉力试验

可以在任何一种结构的拉力试验机上进行试验。试验机的最大拉力应不超过电缆额定拉断力的5倍。试验机两端夹头之间的有效距离应不小于电缆直径的20倍，但其最小距离应大于

250mm(图2-32)。

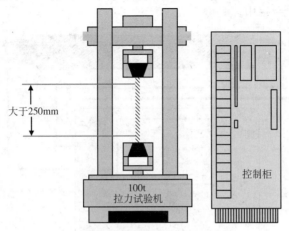

大于250mm

控制柜

100t
拉力试验机

图2-32　拉力试验示意图

试验时，试样的破断发生在距离固定点50mm内，但达到了规定的拉断力时，则该试验认为有效。否则重做。

3.导体直流电阻试验

（1）测量导体电阻在整根长度的电缆上进行。

（2）去除试样端头导电芯线表面的绝缘和其他覆盖物以及芯线的氧化层。

（3）把测完长度的电缆试样在测量环境中放置2h以上，使其达到温度均衡并保持稳定。

（4）将电缆两端的同一根导体，用导线连接到测试仪器上（图2-33）。

（5）测量，读取读数，取其四位有效数字。

（6）测量结果计算：

按公式（2-56）换算至20℃时每千米的导体电阻值：

$$R_{20} = R_{t} \times K_{t} \times \frac{1000}{L} \tag{2-56}$$

式中　R_{20}——20℃时每千米电阻，Ω/km；

R_{t}——t℃时导体的实测电阻，Ω；

K_t——温度为t℃时电阻温度校正系数；

L——电缆长度，m。

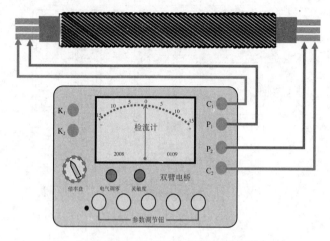

图2-33 导体直流电阻试验示意图

t℃时测量导体电阻换算至20℃时的温度校正系数K_t见表2-30。

表2-30 t℃时测量导体电阻换算至20℃时的温度校正系数K_t表

测量时导体温度t，℃	校正系数K_t	测量时导体温度t，℃	校正系数K_t	测量时导体温度t，℃	校正系数K_t
5	1.064	16	1.016	27	0.973
6	1.059	17	1.012	28	0.969
7	1.055	18	1.008	29	0.965
8	1.050	19	1.004	30	0.962
9	1.046	20	1.000	31	0.958
10	1.042	21	0.996	32	0.954
11	1.037	22	0.992	33	0.951
12	1.033	23	0.988	34	0.947
13	1.029	24	0.984	35	0.943
14	1.025	25	0.980		
15	1.020	26	0.977		

4. 绝缘电阻试验

（1）测量要求：

① 测量时应保证试样温度与环境温度平衡，空气相对湿度不大于80%。

② 试样的两个端头剥去绝缘层外的覆盖物（不得损伤绝缘表面），露出的绝缘部分长度不小于50mm，其一端露出的导体长度不小于30mm。

③ 采用绝缘电阻测试仪在每相对其余相及铠装间进行测量，每相测量后进行充分放电，如图2-34所示。

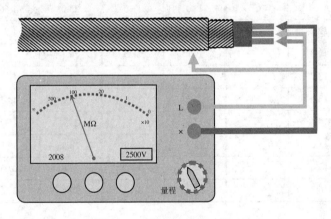

图2-34　绝缘电阻试验示意图

④ 测量结果及计算：每千米绝缘电阻R_i按式（2-57）计算：

$$R_i = R_{it} \times L \qquad (2-57)$$

式中　R_{it}——实测绝缘电阻值，MΩ；

L——被测电缆的长度，km。

换算至20℃时的绝缘电阻R_{i20}按式（2-58）计算：

$$R_{i20} = \frac{R_i K_t}{K_{20}} \qquad (2-58)$$

式中　R_i——实测绝缘电阻的最小值，MΩ/km；

K_t——测量时绝缘电阻温度校正系数；

K_{20}——温度为20℃时校正系数（$K_{20}=1.27$）。

t℃时绝缘电阻温度校正系数K_t见表2-31。

表2-31　t℃时绝缘电阻温度校正系数K_t值

温度℃	校正系数K_t	温度℃	校正系数K_t	温度℃	校正系数K_t
10.0	—	16.7	1.06	23.3	1.52
10.6	—	17.2	1.09	23.9	1.56
11.1	—	17.8	1.13	24.4	1.61
11.7	—	18.3	1.16	25.0	1.66
12.2	—	18.9	1.20	25.6	1.71
12.8	—	19.4	1.23	26.1	1.76
13.3	—	20.0	1.27	26.7	1.81
13.9	—	20.6	1.31	27.2	1.81
14.4	—	21.1	1.35	27.8	1.92
15.0	—	21.7	1.39	28.3	1.98
15.6	—	22.2	1.43	28.9	2.04
16.1	—	22.8	1.47	29.4	2.10

5. 高温高水压试验

（1）测量要求：

① 从电缆上截取5m短样，任意取其中两根绝缘线芯。

② 按照电缆绝缘电阻测试试样准备的要求，对电缆试样进行处理。

（2）测量步骤：

① 将制作好的试样装入容器内，电缆两端露在外面，电缆露出端的长度不小于250mm。

② 盖上容器压帽，并将线芯引出端密封。

③ 加入清水使容器内充满试验介质。

④ 检查压力、温度测量装置，加压管线及控制系统。

⑤ 加温、加压，在温度、压力同时达到表2-32的规定时，稳定1h后，测量导体与试验容器外壳之间的绝缘电阻。

表2-32　高温绝缘电阻试验温度、试验压力

绝缘类别	试验温度 ℃	试验压力 MPa
改性聚丙烯绝缘	150	66.6
乙烯-四氟乙烯共聚绝缘	150	
聚全氟乙丙烯绝缘	200	117.6
四氟乙烯-全氟烷基乙烯基醚绝缘	250	

6. 高温绝缘电阻试验

（1）从成品电缆上截取5m长的试样，放入恒温箱中。在达到表2-32规定试验温度后，恒温2h，测量线芯间及线芯与铠装间的绝缘电阻。

（2）测量结果计算：每千米绝缘电阻R_i按公式（2-59）计算：

$$R_i = R_{it} \cdot L \qquad\qquad (2-59)$$

式中　R_i——每千米绝缘电阻值，MΩ/km；

　　　R_{it}——实测绝缘电阻，MΩ；

　　　L——被测电缆的长度，km。

7. 残余伸长率试验

（1）测量要求：伸长试验机上、下两轮其直径为400～500mm，圆轮上的沟槽与电缆直径相当，上轮应转动90°。其频率不大于20次/min（往复为一次）。将试样固定在圆轮沟槽中，在下轮加上1600N负荷时，使两边电缆伸直，并且在试样中间部分标注一段1100mm的间距，然后增至8000N负荷（即电缆拉力为4000N），当上轮往复100次之后，测量标注间距实际长度L（mm）。

（2）测量结果计算：残余伸长率按公式（2-60）计算。

$$\varepsilon = \frac{L - 1\,100}{1\,100} \times 100\% \qquad (2\text{-}60)$$

式中 ε——残余伸长率，%；

L——试样上标注间距的实际测量长度，mm。

8. 电容试验

（1）测量要求：

① 测量时应保证试样温度与环境温度平衡。

② 试样的一端剥去导体外的覆盖物，露出的导体长度不小于30 mm。

（2）测量方法：采用测量频率为1kHz的电容测试仪，在每相对其余相及铠装间进行测量，每相测量后进行放电。

（3）测量结果计算：每千米电容值C按公式（2-61）计算：

$$C = \frac{C_i}{L} \qquad (2\text{-}61)$$

式中 C_i——实测电容值，μF；

L——被测电缆的长度，km。

9. 长度试验

测量要求：在采用电子计数测量长度的机械式圈绕设备上进行测量。

10. 结构尺寸及外观检查

（1）外观用目测检查。

（2）用游标卡尺测量电缆外径。

（3）用投影仪测量电缆绝缘厚度。

11. 工频耐压试验

（1）测量要求：

① 在整根长度的电缆上进行试验。

② 试样的两个端头剥去绝缘层外的覆盖物（不得损伤绝缘表面），露出的绝缘部分长度不小于50mm，其一端露出的导体长度不小于30mm。

（2）测量方法：采用任意电压和容量能满足测量要求的工频耐压试验仪在每相对其余相及铠装间进行试验，每相测量后进行充分放电。

12. 低温卷绕性试验

从成品电缆上截取，两芯以上任意取其中的两根绝缘线芯，分别在低温箱中进行试验。

五、检验结果评价

1. 钢丝螺旋形状稳定性试验

内、外层铠装钢丝应进行预变形。从电缆上拆下的外层钢丝应能保持在电缆上的原有螺旋形状。

2. 拉力试验

电缆的拉断力符合表2-33的规定。

表2-33　电缆的规格参数

型号	标称外径 mm	导体计算截面积 mm²	导体结构 根数/直径 mm	绝缘标称厚度 mm	所用钢丝根数及直径		额定拉断力 kN
					内层	外层	
WGSB-4.7	4.70	0.56	7/0.32	0.56	12×0.61	15×0.76	15
W4B-4.7	4.70	0.22	7/0.20	0.19	18×0.47	18×0.64	13
WGSB-5.6	5.60	1.01	19/0.26	0.58	12×0.79	18×0.79	25
WGSF46-5.6	5.60	1.01	19/0.26	0.58	12×0.79	18×0.79	25
W3BP-5.6	5.60	0.24	7/0.21	0.26	12×0.79	18×0.79	25
W3F46P-5.6	5.60	0.24	7/0.21	0.26	12×0.79	18×0.79	25
W4BP-5.6	5.60	0.24	7/0.21	0.30	18×0.56	18×0.79	25
W4F46P-5.6	5.60	0.24	7/0.21	0.30	18×0.56	18×0.79	25
WGSB-8.0	8.00	1.02	7/0.43	1.00	13×1.01	16×1.20	45
WGSF46-8.0	8.00	1.02	7/0.43	1.00	13×1.01	16×1.20	45
W3BP-8.0	8.00	0.56	7/0.32	0.43	18×0.81	18×1.11	45
W3F46P-8.0	8.00	0.56	7/0.32	0.43	18×0.81	18×1.11	45

型号	标称外径 mm	导体计算截面积 mm²	导体结构根数/直径 mm	绝缘标称厚度 mm	所用钢丝根数及直径		额定拉断力 kN
					内层	外层	
W4BP−8.0	8.00	0.49	7/0.30	0.38	18×0.81	18×1.11	45
W4F46P−8.0	8.00	0.49	7/0.30	0.38	18×0.81	18×1.11	45
W7B−6.4	6.40	0.24	7/0.21	0.25	18×0.63	18×0.89	25
W7BP−10.8	10.80	0.56	7/0.32	0.46	18×1.09	18×1.50	80
W3BP−11.8	11.80	0.56	7/0.32	1.00	24×1.00	24×1.26	80
W7BP−11.8	11.80	0.56	7/0.32	0.72	24×1.00	24×1.26	80
W7BPP−11.8	11.80	0.56	7/0.32	0.60	24×1.00	24×1.26	80
W7F46P−11.8	11.80	0.56	7/0.32	0.72	24×1.00	24×1.26	85
W7F46PP−11.8	11.80	0.56	7/0.32	0.60	24×1.00	24×1.26	85
W7BP−12.6	12.60	0.56	7/0.32	0.72	26×1.00	25×1.26	80
W7F46P−12.6	12.60	0.56	7/0.32	0.72	18×1.36	24×1.36	85
W7BP−13.2	13.20	0.56	7/0.32	0.72	17×1.47	23×1.47	85
W7F46P−13.2	13.20	0.56	7/0.32	0.72	17×1.47	23×1.47	85

3. 导体直流电阻试验

符合表2−34的规定为合格。

4. 绝缘电阻试验

符合表2−34的规定为合格。

表2−34　电缆的电气性能

型号	导体直流电阻 (20℃) Ω/km ≤	绝缘电阻 (20℃) MΩ·km ≥	电容 (1kHz) μF/km ≤	工频耐压试验
WGSB−4.7	36.00	200	0.17	1kV，5min 不击穿
W4B−4.7	84.30	200	0.19	

型号	导体直流电阻 (20℃) Ω/km ≤	绝缘电阻 (20℃) MΩ·km ≥	电 容 (1kHz) μF/km ≤	工频耐压 试验
WGSB−5.6	18.10	200	0.22	
WGSF46−5.6	18.10	500	0.20	
W3BP−5.6	84.30	200	0.17	
W3F46P−5.6	84.30	500	0.17	
W4BP−5.6	84.30	200	0.15	
W4F46P−5.6	84.30	500	0.17	
WGSB−8.0	18.10	200	0.14	
WGSF46−8.0	18.10	500	0.14	
W3BP−8.0	36.00	200	0.18	
W3F46P−8.0	36.00	500	0.17	
W4BP−8.0	36.00	200	0.20	
W4F46P−8.0	36.00	500	0.19	1kV，5min 不击穿
W7B−6.4	84.30	200	0.13	
W7BP−10.8	36.00	200	0.19	
W3BP−11.8	18.10	200	0.14	
W7BP−11.8	36.00	200	0.14	
W7BPP−11.8	36.00	200	0.16	
W7F46P−11.8	36.00	500	0.13	
W7F46PP−11.8	36.00	500	0.16	
W7BP−12.6	36.00	200	0.14	
W7F46P−12.6	36.00	500	0.13	
W7BP−13.2	36.00	200	0.14	
W7F46P−13.2	36.00	500	0.13	

5. 高温高水压试验

高温高水压试验温度、压力见表2-35，绝缘线芯的绝缘电阻均不小于2.5MΩ·km。

6. 高温绝缘电阻试验

高温绝缘电阻试验温度见表2-35，氟塑料绝缘型电缆的绝缘电阻应不小于5MΩ·km，其余型号的电缆应不小于2.5MΩ·km。

表2-35　高温绝缘电阻试验温度、压力

绝缘类别	试验温度 ℃	试验压力 MPa
改性聚丙烯绝缘	150	66.6
四氟乙烯-乙烯共聚绝缘	150	
聚全氟乙丙烯绝缘	200	117.6

7. 残余伸长率试验

残余伸长率不大于0.2%。

8. 电容试验

符合表2-33的规定为合格。

9. 长度试验

不小于标称长度为合格。

10. 结构尺寸及外观检查

(1) 同一截面不允许整根导体焊接，导体中单线允许焊接，各焊点之间的距离应不小于300mm。

(2) 绝缘厚度的平均值应不小于标称值，其最薄点厚度不小于标称值的90%。

(3) 铠装方向：内层右向，外层左向。内、外层铠装钢丝应进行预变形。从电缆上拆下的外层钢丝应能保持在电缆上的原有螺旋形状。铠装钢丝允许焊接，但在电缆的同一断面上只允许有一个焊接点，任何两个焊接点之间应不小于5m，且每1km长度电缆上的焊接点应不超过5个。电缆的铠装层上应均匀涂上一层黄油或防锈脂。

(4) 电缆外径的上偏差不大于标称外径的5%。

11. 工频耐压试验

符合表2-34的规定为合格。

12. 低温卷绕性试验

−30℃、10d无裂纹（d为卷绕试验试棒直径）。

六、承荷探测电缆不合格的危害

承荷探测电缆虽然是以承受机械负荷和传递弱小的电信号为主，但也有传递强电的场合，然而不合格项的不同造成的危害性也不同，有危及人身安全的、损坏设备造成财产损失的、重复作业增大劳动强度造成经济损失的等（表2-36）。

表2-36　承荷探测电缆不合格的危害

序号	不合格项	危害
1	结构尺寸及外观检查、残余伸长率、电容、钢丝螺旋形状稳定性、长度	任一项不合格重复作业增大劳动强度造成经济损失
2	导体直流电阻、拉力	任一项不合格损坏设备造成财产损失
3	绝缘电阻、高温绝缘电阻、高温高水压绝缘电阻、工频耐压、低温卷绕性	任一项不合格危及人身安全

第三节　螺杆泵产品

螺杆泵采油技术正在迅速发展，在稠油和出砂采油井中该系统正成为替代抽油机采油的重要方式。螺杆泵采油技术已日臻成熟，一方面，大批新型螺杆泵相继问世，螺杆泵及其配套设备制造质量得到明显的提高，另一方面，螺杆泵采油技术及管理水平也有一定进步。各油田使用螺杆泵采油的油井数量不断增多。如何进一步提高螺杆泵采油技术和管理水平，已成为国内外各油田普遍关注的问题。

一、结构组成

螺杆泵采油系统一般由电控部分、地面井口部分、井下部分、配套工具部分等几部分组成，如图2-35所示。

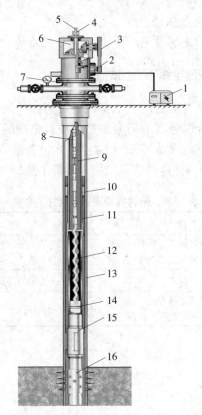

图2-35　地面驱动螺杆泵采油示意图

1—电控箱；2—电动机；3—皮带；4—方卡子；5—光杆；6—减速箱；7—专用井口；8—抽油杆；9—抽油杆扶正器；10—油管扶正器；11—油管；12—螺杆泵；13—套管；14—定位销；15—防脱装置；16—筛管

1. 电控部分

螺杆泵井的控制部分，即电控箱，是控制电动机的起、停。它具有对电动机作过载、缺相、过压、漏电、堵转及三相电流严重不平衡自动的保护功能。原理如图2-36所示，它包括以下部分：

1）控制系统

（1）合上空气开关后，按动启动按扭，交流接触器得电吸合，接通主电路，使电动机运行，螺杆泵便可正常运转。

（2）当准备停止工作时，只需按下常闭按钮，交流接触器失电断开主电路，电动机停止运转，螺杆泵便停止工作。

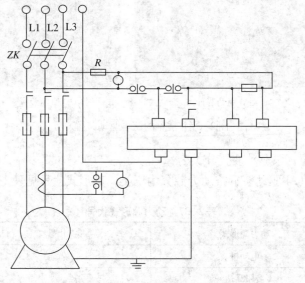

图2-36　GLB-Ⅲ型螺杆泵电控箱原理图

2）监测和保护系统

（1）电控箱配有电流表，可监测电动机工作时电流。当电动机起动时或不需要测量电流时，电流表被QT_1按钮短路，起保护电流表的作用。

（2）电控箱装有保护器，实现电动机的过载、短路、断相、堵转保护，动作灵敏可靠。

2. 地面井口部分

地面井口部分也是驱动装置部分，将动力传给井下泵转子，使转子实现行星运动，实现抽汲液、油的机械装置。它包括电动机、机械密封、减速箱、支架、封井器、防反转装置、皮带、皮带轮等。图2-37所示是最常见的两种驱动装置。

（a）卧式驱动装置　　　　　（b）直驱装置

图2-37　常见的两种驱动装置

螺杆泵驱动装置分类为：

（1）驱动装置按动力源分为三类，其形式代号见表2-37。

表2-37　动力源形式代号

动力源形式	代号
电动机	省略
液压马达	Y
内燃机	N

（2）驱动装置采用电动机为动力源时，按电动机安装形式分为两类，其形式代号见表2-38。

表2-38　电动机安装形式代号

电动机安装形式	代号
立式	L
卧式	省略

3. 井下部分

即是螺杆泵，井下单螺杆泵由定子和转子组成（图2-38）。定子由钢制外套和橡胶衬套组成，转子由合金钢的棒料经过精车、镀铬并抛光加工而成。转子有空心转子和实心转子两种。

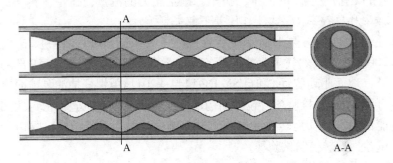

图2-38　螺杆泵密封腔室输送液体示意图

螺杆泵定子是用丁腈橡胶衬套浇铸粘接在钢体外套内而形成的一种腔体装置。定子内表面呈双螺旋曲面，与转子外表面相配合。可分为以下几种类型：

单螺杆泵、金属定子螺杆泵、等壁厚定子螺杆泵、合成材料螺杆泵、插入式螺杆泵和多吸入口螺杆泵。

螺杆泵的型号表注方法：

在定子位于上端不超过0.8m处应有永久性编号：vvv/hh/eee。在转子头部应有永久性编号：vvv/hh。

其中：

vvv——泵的排量，mL/r；

hh——泵的最大额定压头，MPa；

eee——橡胶的生产编号。

4. 配套工具部分

配套工具包括：抽油杆扶正环、油管扶正器、抽油杆防脱器、油管锚定器、洗井器等。

二、检验依据主要标准

（1）单螺杆抽油泵检验依据GB/T 21411.1—2008《石油天然气工业井下设备 人工举升用螺杆泵系统 第1部分：泵》。检验项目包括零压差的流量、扭矩、额定压力的流量、扭矩、容积效率和总效率、最大工作压差下漏失率等。

（2）螺杆泵地面驱动装置检验主要依据GB/T 21411.2—2009《石油天然气工业井下设备人工举升用螺杆泵系统 第2部分：地面驱动装置》和Q/SY DQ1444—2011《单螺杆抽油泵地面直驱装置》，检验项目包括结构尺寸、空负荷运转试验、密封性能试验、负荷运转效率试验、过载能力试验、温升试验、噪声试验、反转控制试验等。

（3）螺杆泵控制柜检验依据GB/T 3797—2005《电气控制设备》，检验项目包括电路相对地绝缘电阻、主电路工频耐压试验、过载保护和延时功能、单相保护功能、漏电保护试验等。

三、检验主要设备

（1）单螺杆抽油泵检测设备系统框图，如图2-39所示。

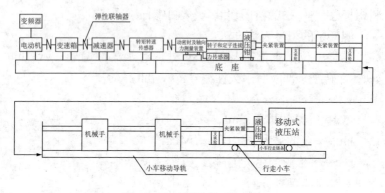

图2-39 检测设备系统框图

单螺杆抽油泵检测设备的型号及规格见表2-39。

表2-39 仪器设备配置一览表

仪器设备名称	量　　程	精　　度	分辨力
质量流量计	$10 \sim 635 m^3/d$	0.2级	0.01
质量流量计	$0.5 \sim 30 m^3/d$	0.2级	0.01
压力变送器	$0 \sim 25 MPa$	0.2级	0.01
压力变送器	$0 \sim 10 MPa$	0.2级	0.01
压力变送器	$-70 \sim 30 kPa$	0.2级	0.01
转矩转速传感器	转速$0 \sim 500 r/min$	0.2级	0.01
	转矩$0 \sim 2000 N \cdot m$	0.2级	0.1
温度调节仪	$0 \sim 200 ℃$	0.5级	0.1

(2) 螺杆泵地面驱动装置：

① 螺杆泵地面驱动装置检测系统主要由扭矩加载系统、轴向力加载系统、密封试压系统、反扭矩加载系统、低速启动加载系统、测控系统及辅助装置组成，如图2-40所示。

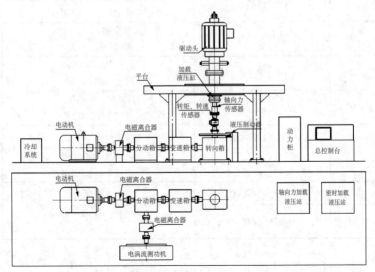

图2-40 螺杆泵地面驱动装置性能检测系统结构布局图

② 使用的主要电气设备仪表见表2-40。

表2-40　主要电气设备仪表

序号	名　　称	主要指标
1	电涡流测功机	最大吸收功率：160kW 最大励磁电压：DC100V 最大励磁电流：5A 冷却水压0.02~0.1MPa
2	电涡流测控仪	励磁电源：AC 220V
3	三参数传感器	扭矩量程：0~2000N·m 转速量程：0~300r/min 拉力量程：0~150kN 精度等级：0.5级
4	智能数字测试仪	扭矩测量范围：0~10000N·m 转速测量范围：0~10000r/min 精度等级：0.1级
5	智能数显控制仪	拉力测量范围：0~150kN 精度等级：0.5级
6	压力传感器	量程：0~5MPa 精度等级：0.5级
7	智能数显控制仪	测量范围：0~5MPa 精度等级：0.5级
8	压力传感器	量程：0~10 MPa 精度等级：0.5级
9	智能数显控制仪	测量范围：0~10 MPa 精度等级：0.5级
10	温度传感器	精度等级：0.5级
11	温控仪	输入信号Pt100 精度等级：0.5级
12	RS232串口通信卡	4通道
13	电液比例控制器	控制电压：0~9 V 输出电流0~800mA

（3）螺杆泵控制柜主要设备仪表见表2-41。

表2-41　设备仪表配置表

仪器名称	测量范围	准确度
绝缘测试仪	01~100GΩ	10级
高压试验控制箱	0~10kV	20级
潜油电泵控制柜测量仪	0~200A 0~24h	1% ±0.05%

四、检验程序

1. 单螺杆抽油泵检验

1）准备工作

（1）将待检泵的配套定、转子组装好。

（2）检查连接部位的固紧情况，检查流程是否正确畅通，将试验台上及周围的杂物清除干净。

（3）检查油箱液面是否在规定范围。

（4）检查控制电路接点是否松动，电气设备是否可靠接地，仪表是否完好，信号线是否接好，检查无误后，合上电源开关，控制台送电。

（5）启动加温油箱电加热器，将工作介质加热至要求温度。

2）检验过程

（1）将流程设为检测状态。

（2）运转试验：系统运转30min。若运转正常，进行压力调节，使得出口压力逐渐升至额定工作压力点，运转30min，检查泵有无异常。若泵无异常，则将泵出口压力调为零，运转稳定后进行性能试验。

（3）性能试验：确定泵出口压力为 ≤0.05MPa范围内；观察各参数的变化情况，当数据稳定后，记录当前压力下的排量、压力、转子转矩、转子转速；进行压力调节，将泵出口压力逐渐升至1.3倍额定工作压力点，测试点不少于10个不同压力点（含零压力点），每个测试点下重复以上操作；各测试点下数据采集无误后，将泵出口压力调为零；保存测试数据；将泵出口压力调为零，转子转速调为零，关变频器，关主电动机，关调零电动机，关转矩转速仪，关控制台开关，关总电源开关。

（4）检测结果计算：泵的容积效率 η_v 按公式（2-62）计算。

$$\eta_v = \frac{Q_p}{Q} \times 100\% \qquad (2-62)$$

式中　Q_p——实测流量，m^3/d；

　　　Q——理论排量，m^3/d。

泵效率 η 按公式（2-63）计算。

$$\eta = 110.5 Q_p p_w / WN \qquad (2-63)$$

式中　Q_p——实测流量，m^3/d；

　　　p_w——工作压力，MPa；

　　　W——转子扭矩，N·m；

　　　N——转子转速，r/min。

（5）绘制螺杆泵水力特性曲线。螺杆泵水力特性曲线是反映螺杆泵产品质量性能的宏观评价，即螺杆泵在不同工作条件下所表现的排量、举升及负载等特性。螺杆泵水力特性用螺杆泵水力特性曲线表示，如图2-41所示。

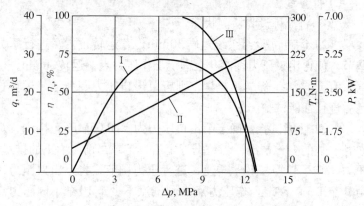

图2-41　螺杆泵水力工作特性曲线

曲线Ⅰ是容积效率（排量）曲线，即泵出口压力与排量的关系曲线；曲线Ⅱ是扭矩（功率）曲线，即泵出口压力与转子扭矩的关系曲线；曲线Ⅲ是泵效率曲线，即泵出口压力与泵效率的关系曲线。

2. 螺杆泵地面驱动装置检验

（1）结构尺寸：测量装置（非环空检测）从井口法兰面到方卡下端面的高度尺寸和直驱电动机外径最大投影尺寸（不包括接线盒）。

（2）空负荷运转试验：驱动装置安装调试完成后，在额定转速下进行空负荷运转试验，运转时间为2h。

（3）密封性能试验：

①工作压力试验：试验压力为3MPa，试验介质L-HH32液压油。驱动装置以额定转速运转，运转时间2h。

②短时过压试验：试验压力为5MPa，试验介质L-HH32液压油。驱动装置以额定转速运转，运转时间0.5h。

（4）负荷运转效率试验：在额定转速下进行，驱动装置以额定转速运转5min后开始检查测验，按表2-42的规定进行加载，每一点的效率数据在负载扭矩稳定1min后采集。

表2-42　负荷百分数

额定扭矩百分数，%	25	50	75	100	125
额定轴向负荷百分数，%	100				
允许误差，%	±5				

（5）过载能力检测：使直驱装置以额定转速工作，缓慢施加扭矩，分别测量扭矩达到1.5倍和2.0倍额定扭矩（允差±5%）后的持续稳定运行时间，运行时间为3min和1min。

（6）温升试验：

①温升试验在额定电压、额定轴向负荷、额定扭矩和额定转速（以上参数允差±5%）下进行。分别测量电动机表面温升

和轴承箱温升。

②用非接触式温度计测量电动机（轴承箱）中部表面均匀分布的3个点的平均温度，读数的时间间隔为30min，温升试验应进行到相隔30min两个相继读数之间温升变化在1K以内为止。对温升不易稳定的电动机，温升试验应进行到相隔60min两个读数之间温升变化在2K以内为止。

③温升试验应在规定时间内连续进行，直到温度稳定为止。为了缩短试验时间，在温升试验的起始阶段过载运行一定时间之后恢复额定负载。

④冷却介质（周围空气）温度测量：温度计分布在冷却空气进入电动机的途径中测量，温度计在距离电动机1～2m处（电动机中部的高度位置），取温度计读数的算术平均值作为冷却介质温度。试验结束时冷却介质温度应取在整个试验过程最后的1/4时间内，按相同时间间隔测得的温度计读数的平均值。

（7）噪声试验：在驱动装置以额定转速运行平稳的状态下，水平方向距驱动装置1m，垂直方向离驱动装置底面高1m处，用噪声计测取驱动装置前、后、左、右四点噪声的算术平均值。

（8）反转控制能力：

①电磁牵制：断开扭矩加载系统电磁离合器，起动被测直驱电动机，使之正向空载旋转，当转速达到额定转速后按下停止按钮，同时接通反转控制系统电磁离合器，起动检测平台反转驱动电动机，拖动被测直驱电动机反向旋转，调高拖动转速，当扭矩达到1.5倍额定扭矩（允差±5%）时，记录反转速度。

②交流能耗制动：保证控制柜与直驱电动机之间电缆正常连接，使光杆分别以70r/min、100r/min、110r/min的速度反向旋转，检测对应的制动功率。

3. 螺杆泵控制柜检验

（1）绝缘电阻测试：被检控制柜主电路相对地绝缘电阻用500V绝缘测试仪进行测试，取1min时的读数值。

（2）介电强度试验：

①对被检控制柜主电路进行介电强度试验，试验电压值为2500V。

②试验方法：对主电路的试验分别在主电路三相进线与接触器出线之间进行试验。

③加压至1min后降压断电。

（3）过载保护和延时功能：

①过载保护：调整中心控制器上过载预置按钮，设定一个电流。试验时，给被检控制柜施加电流至过载动作停机，记录动作时所加电流值与过载预置值。

②延时功能：调整主回路电流为大于额定值。将过、欠载按钮按起。按复位开关。启动被检控制柜，开始计时，直到产生保护动作断开主回路为止，记录时间。

（4）单相保护功能：当断开主电路中三相电流的任意一相时，被检控制柜应动作停机。

（5）空载试验：

①被检控制柜输入端加额定电压（相压220V），启动停止被检控制柜、检查接线及动作是否正常。

②被检控制柜输入端电压增加10%（相压242V），启停被检控制柜应能正常工作。

③被检控制柜输入端电压降低10%（相压198V），启停被检控制柜应能正常工作。

④在额定电压下（相压220V）开启控制柜，调节输入电压，将输入电压增加15%（相压253V），短时间停留之后退回，应无异常现象出现。

（6）漏电保护试验：

①漏电动作值的确定。

②把电流测量仪表按到漏电档。

③把漏电电流旋钮调到最小值。

④把被检控制柜接到漏电流输入端。

⑤启动被检控制柜，缓慢调节电流，当开关动作时的电流

即为漏电动作电流。

（7）漏电时间的测定：

①把漏电电流调节到大于漏电动作电流。

②把过载再启动开关按到欠载测量的位置。

③按压复位开关。

④启动被检控制柜开始计时，直到产生漏电保护动作时停止计时。

五、检验结果评价

1. 单螺杆抽油泵

（1）零压差的流量、扭矩：与制造商公布的泵的特性曲线值的误差应在 ±10% 范围内。符合要求为合格。

（2）额定压力的流量、扭矩、容积效率和总效率：与制造商公布的泵的特性曲线值的误差应在 ±10% 范围内。符合要求为合格。

（3）额定压力的漏失量10%~30%为合格。

以上任何一项不符合要求，则判定该泵不合格。

2. 螺杆泵地面驱动装置

目前没有相关的国家标准和行业标准对螺杆泵地面驱动装置的技术指标进行规定，因此，本部分主要以大庆油田为例进行评价，详见表2-43、表2-44。

表2-43 主要技术指标评价表

序号	检验项目	性能评价指标
1	结构尺寸	高度≤1.8m
		外径≤0.7m
2	空负荷运转试验	轴承箱油温升小于25K
		驱动装置运转应平稳
		各密封处、结合处不得渗油、漏油
3	密封性能试验	不泄不漏

序号	检验项目	性能评价指标
4	负荷运转效率试验	不低于表2-44中3级的规定
5	过载能力试验	各零部件不应有损坏
6	温升试验	电动机表面温升≤60K
		轴承箱温升≤50K
7	噪声试验	≤70dB（A）
8	反转控制试验	电磁牵制制动，转速≤100r/min时，制动扭矩≥1.5倍额定扭矩
		交流能耗制动，转速≤100r/min时，制动功率≥70%额定功率

表2-44　直驱装置能效等级表

额定功率 kW	直驱装置效率，%					
	1级		2级		3级	
	75%额定输出功率	额定输出功率	75%额定输出功率	额定输出功率	75%额定输出功率	额定输出功率
11	78.0	80.0	77.0	79.0	75.0	78.0
15	82.0	84.0	81.0	83.0	80.0	82.0
22	85.0	87.0	84.0	86.0	83.0	85.0
30	86.0	88.0	85.0	87.0	84.0	86.0

3. 螺杆泵控制柜

（1）主电路相对地绝缘电阻应大于1000Ω/V。

（2）主电路工频耐压试验施加2500V电压值，5s不击穿。

（3）过载保护和延时功能：过载停机时实测电流值与预置值的误差应（1±10%）$I_过$，延时时间在0～30s为合格。

（4）单相保护功能：缺三相中任意一相均动作停机为合格。

（5）空载试验：调节相压220V±10%，起、停正常为合格。

（6）漏电保护试验：输入75mA电流，2s内保护为合格。

六、产品不合格的危害

1. 单螺杆抽油泵

如果螺纹不合格会造成杆柱脱扣。空载时的排量不合格说明泵的结构参数不合理，会直接影响选择的泵型。泵效不合格会直接影响原油产量。泵的扭矩过大会引起抽油杆断裂、脱扣或撸扣的情况。

2. 螺杆泵驱动装置

密封盒密封试验不合格会导致井液通过驱动装置渗漏到井场，造成环境影响和经济损失。反转制动装置试验不合格会导致驱动装置损坏，同时对操作人员造成极大的安全隐患。空负荷和负荷运转试验不合格说明驱动装置效率低，能耗大。

3. 螺杆泵控制柜

控制柜是螺杆泵井的控制部分，控制电动机的启停，任一项不合格都会影响螺杆泵的运转，从而影响油井的产量。

第四节　抽油泵

一、概述

抽油泵是有杆抽油系统的井下关键设备，安装在油管柱的下部，沉没在井液中，通过抽油机、抽油杆传递的动力抽汲井内的液体。它所抽汲的液体中常会含有蜡、砂、气、水及腐蚀物质，又在数百米到上千米的井下工作，泵内压力有时高达10MPa以上。为了使抽油泵能适应井下复杂的工作环境和恶劣的条件，对抽油泵的基本要求是：结构简单、强度高；工作可靠，使用寿命长；便于起下而且规格类型能满足不同油田的采油工艺需要。

1. 抽油泵工作原理

抽油泵主要由泵筒、柱塞、固定阀和游动阀四部分组成。泵筒即为缸套，其内装有带游动阀的柱塞。柱塞与泵筒形成密封，用于从泵筒内排除液体。固定阀为泵的吸入阀，一般为球座型单流阀，抽油过程中该阀位置固定。游动阀为泵的排出阀，它随柱塞运动。

柱塞上下运动一次称一个冲程，也称一个抽汲周期，其间完成泵进液和排液过程，如图2-42所示。

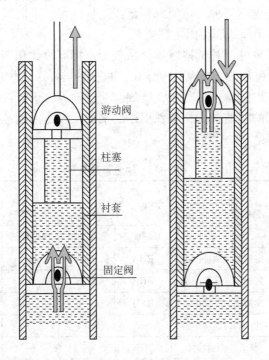

图2-42　抽油泵工作原理

2. 抽油泵的类型

抽油泵按在油管中的固定方式可分为管式泵和杆式泵两大类型。

管式泵一般将泵筒在地面组装好后由油管接箍直接连接在

油管下部下入到设计的泵挂深度处，然后投入可打捞的固定阀装置，最后把柱塞连接在抽油杆柱下端下入泵筒内。管式抽油泵又分为整筒管式抽油泵（整筒泵）和组合泵筒管式抽油泵（衬套泵）。整筒管式抽油泵内没有衬套，柱塞与泵筒配套，组合泵筒管式抽油泵的外筒内装有多节衬套组成泵筒，并与金属柱塞配套。

杆式泵是将整个泵在地面组装成套后，随抽油杆柱插入油管内的预定位置固定，故又称为"插入式泵"。杆式泵按其固定方式分为以下三种：定筒式顶部固定杆式泵、定筒式底部固定杆式泵和动筒式底部固定杆式泵。

一般来说，对于按石油天然气行业标准设计和制造的抽油泵称作标准抽油泵或常规抽油泵。根据各类特殊油井开采需要，具有专门用途的，如防砂、防气、防稠油等，或与标准结构或尺寸不同的抽油泵称作特殊用途的抽油泵或专用抽油泵。抽油泵的类型见表2-45。

表2-45　抽油泵类型

泵类型		字母代号			
		金属柱塞泵		软密封柱塞泵	
		厚壁泵筒	薄壁泵筒	厚壁泵筒	薄壁泵筒
杆式泵	定筒式，顶部固定	RHA	RWA	—	—
	定筒式，底部固定	RHB	RWB	—	—
	定筒式，底部固定	RXB	—	—	—
	动筒式，底部固定	—	RWT	—	RST
管式泵	整筒管式抽油泵	TH	—	—	—
	组合泵筒管式抽油泵	TL	—	—	—

3. 抽油泵的型号

（1）杆式抽油泵和整筒管式抽油泵的型号表示方法：杆式抽油泵和整筒管式抽油泵的代号见图2-43。

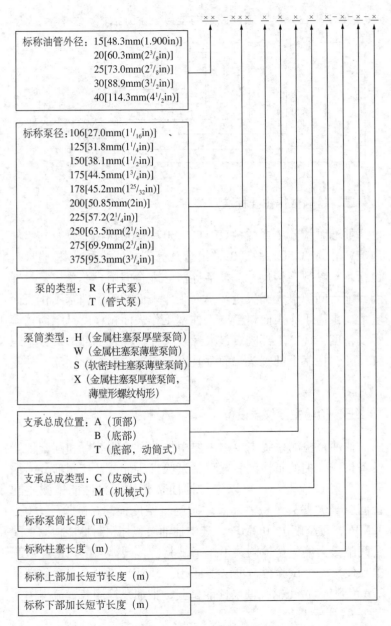

图 2-43　抽油泵代号

标称油管外径：15[48.3mm(1.900in)]
　　　　　　 20[60.3mm($2^3/_8$in)]
　　　　　　 25[73.0mm($2^7/_8$in)]
　　　　　　 30[88.9mm($3^1/_2$in)]
　　　　　　 40[114.3mm($4^1/_2$in)]

标称泵径：106[27.0mm($1^1/_{16}$in)]　、
　　　　　 125[31.8mm($1^1/_4$in)]
　　　　　 150[38.1mm($1^1/_2$in)]
　　　　　 175[44.5mm($1^3/_4$in)]
　　　　　 178[45.2mm($1^{25}/_{32}$in)]
　　　　　 200[50.85mm(2in)]
　　　　　 225[57.2($2^1/_4$in)]
　　　　　 250[63.5mm($2^1/_2$in)]
　　　　　 275[69.9mm($2^3/_4$in)]
　　　　　 375[95.3mm($3^3/_4$in)]

泵的类型：R（杆式泵）
　　　　　 T（管式泵）

泵筒类型：H（金属柱塞泵厚壁泵筒）
　　　　　 W（金属柱塞泵薄壁泵筒）
　　　　　 S（软密封柱塞泵薄壁泵筒）
　　　　　 X（金属柱塞泵厚壁泵筒，
　　　　　 　薄壁形螺纹构形）

支承总成位置：A（顶部）
　　　　　　　 B（底部）
　　　　　　　 T（底部，动筒式）

支承总成类型：C（皮碗式）
　　　　　　　 M（机械式）

标称泵筒长度（m）

标称柱塞长度（m）

标称上部加长短节长度（m）

标称下部加长短节长度（m）

(2) 组合泵筒管式抽油泵的型号表示方法：

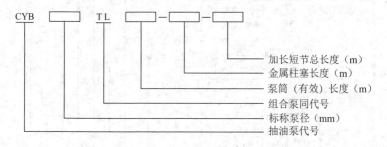

加长短节总长度（m）
金属柱塞长度（m）
泵筒（有效）长度（m）
组合泵同代号
标称泵径（mm）
抽油泵代号

二、检验依据主要标准

抽油泵检验主要依据 GB/T 18607—2008《抽油泵及其组件规范》和 SY/T 5059—2009《组合泵筒管式抽油泵》，检验项目包括基本参数连接尺寸、灵活性能、配合间隙、泵总成密封性能、配合间隙最大漏失量、泵筒工作表面质量、柱塞工作表面质量、泵筒工作表面粗糙度、柱塞工作表面粗糙度、泵筒接箍螺纹精度、柱塞上部阀罩最大螺纹尺寸、柱塞上部阀罩最小螺纹尺寸、柱塞上部阀罩端面垂直度、包装、标志、涂漆、外露表面等。

三、检验主要仪器设备

抽油泵检测系统主要由主要由抽油泵检测装置和配套仪器设备构成，抽油泵检测装置包括试验打压部分、控制部分、循环部分和试验平台，可以进行抽油泵整体密封性能检测、配合间隙最大漏失量检测和阀球阀座真空度检测，试验压力 0～32MPa，真空度 0～0.2MPa。其中抽油泵整体密封性能检测、配合间隙最大漏失量检测共用一个试验台，阀球阀座真空度检测单独使用一个试验台，可以满足 10～32MPa 压力下，标称直径27mm 到 95.3mm 的抽油泵性能试验，抽油泵检测装置流程图如图 2-44 所示。

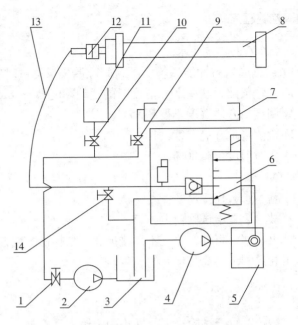

图 2-44 抽油泵检测装置流程图

1—循环泵阀门；2—循环油泵；3—主油箱；4—试压泵；5—控制器；
6—组合阀；7—长条油箱；8—待检泵；9—长条油箱阀门；10—副油箱阀门；
11—副油箱；12—高压管与泵接头；13—高压软管；14—泄压阀

抽油泵检测系统主要配套设备仪器配置见表2-46。

表2-46 检测系统配套设备仪器

设备、仪器的名称	量程	准确度	分辨力
气动测量仪	$-30 \sim 200\mu m$	$\leqslant 4\mu m$	
覆层测厚仪	$0 \sim 1250\mu m$	$\pm （3\%H+1）$	0.1
手持式粗糙度仪	$0.005 \sim 16\mu m$	$\leqslant \pm 10$	0.01
维氏硬度计	$8 \sim 2500HV$	$\pm 3.0\%$	0.1HV
真空试验台	$0 \sim 100kPa$	0.15级	
秒表		0.01s	

四、检验程序

1. 试验介质和环境要求

（1）泵总成密封性能试验，配合间隙漏失量测试时所用介质均为10号轻柴油，其在20℃温度时的运动黏度为3~8mm²/s。

（2）测试用介质温度不得超55℃。

（3）检测场地环境温度：10~38℃。

（4）相对湿度：≤80%。

2. 检验过程

（1）基本参数连接尺寸：

① 将被检泵置于试验台上。

② 抽出柱塞，将柱塞放在不易碰撞和不易损伤的地方。

③ 用卷尺测量泵筒和柱塞的长度。

④ 记录数据。

（2）灵活性试验：

① 将被检泵置于试验台上，并用固定钳将泵固定。

② 用连接杆伸入泵筒，待接触到柱塞上部开口阀罩时，顺时针旋转连接杆，使其和上部阀罩上的螺纹连接起来。

③ 匀速推拉连杆，使柱塞在泵筒内上下移动和转动。试验至少要证明抽油泵的冲程合适，阀动作灵活。柱塞放入泵筒内，往复拉动和转动时应轻快灵活，无阻滞。

④ 试验结束后，逆时针旋转连接杆，使其和柱塞上部出口阀罩上的螺纹分离，卸下连杆。

⑤ 将泵撤离试验台并做好记录。

（3）泵筒与柱塞配合间隙检测：

① 连接好气动测量仪的外部气管，将测头插入校对规，打开气源，检查压力，使压力稳定至试验气压。

② 打开仪器面板上的电源开关，进入测量程序。

③ 调零：将测量头插入校对环规。对气动测量仪进行调零。

④ 将测量头塞入泵筒内筒，每隔一定距离读取一个气动测

量仪数值。

⑤ 根据气动测量仪测量结果和校对环规数据计算泵筒标称直径，计算式：

$$D_{泵筒标称直径}=D_{环规值}+D_{测量值} \tag{2-64}$$

式中　$D_{泵筒标称直径}$——泵筒标称直径，mm；

$D_{环规值}$——气动测量仪校对环规标定数值，mm；

$D_{测量值}$——气动测量仪测量读数，mm。

⑥ 将柱塞从泵筒中抽出，平放在实验台上，将柱塞擦拭干净保证没有油污，用外径千分尺测量柱塞不同部位的外径并做好记录。

⑦ 用泵筒标称直径最大值减去柱塞外径最小值即可得到抽油泵配合间隙，计算式：

$$D_{配合间隙}=D_{泵筒标称直径}-D_{柱塞外径} \tag{2-65}$$

式中　$D_{配合间隙}$——金属柱塞与泵筒的配合间隙，mm；

$D_{泵筒标称直径}$——泵筒标称直径，mm；

$D_{柱塞外径}$——柱塞的外径，mm。

(4) 抽油泵整体密封试验：

① 将被检泵置于试验台上，固定。

② 抽出柱塞，将柱塞放在不易碰撞和不易损伤的地方。

③ 将泵筒前端连接泵接头，将抽油泵与试验系统通过高压胶管和接头可靠密封连接。关闭系统泄压阀，打开流程中其他阀门。

④ 打开检测系统总电源。检查系统使处于停止状态。

⑤ 通过上限压力设定旋钮将上限压力设置到较低的安全压力值。

⑥ 启动试压泵。

⑦ 待试压泵工作稳定（起动后半分钟到一分钟即可）后，开启流程入口阀门启动密封试验，稍后抽油泵固定阀处有油液流出。

⑧ 待抽油泵固定阀处动力油排出后可轻微晃动抽油泵以加速阀球座封。

⑨ 固定阀坐封后，压力将快速上升，然后稳定于 5～9MPa。

⑩ 此时缓慢旋转阀门使压力升高。当系统压力与设定安全压力相等时，"加载"自动停止。

⑪ 将压力上限调所需试验值，重新加载，使系统升压。泵总成密封性能试验压力推荐值见表2-47。

⑫ 调节阀门使系统升压。

⑬ 当系统压力升至设定值后，"加载"自动停止，此时抽油泵处于保压状态，同时停泵。

⑭ 按下秒表，记录3min内系统压力下降值。

⑮ 测试结束后，打开泄压阀，系统泄压，试验结束。

表2-47　泵总成密封性能试验压力推荐值

标称直径 mm		27	31.8	38.1	44.5	45.2	50.8	57.2	63.5	69.9	82.6	95.3
试验压力 MPa	杆式泵	32	30	28	23	—	20	18	16	—	—	—
	管式泵	32	30	28	23	23	—	18	—	16	16	16

(5) 抽油泵配合间隙漏失量试验：

① 将被检泵置于试验台上。

② 将连杆（专用工具）从前端伸入泵筒内，当其接触到柱塞上部开口阀罩时，推动连接杆，使柱塞位于泵筒下部，然后抽出连接杆。

③ 卸下抽油泵的固定阀，并在泵后端拧上带通孔的漏失量检测特殊接头。

④ 将泵筒前端连接泵接头，将抽油泵与试验系统通过高压胶管和专用接头可靠密封连接。

⑤ 用固定钳将泵固定。

⑥ 按整体密封试验步骤启动试压泵。

⑦ 将系统压力上限设定为略高于10MPa的压力值。

⑧ 转动控制阀门使系统压力稳定于10MPa。经3min后，启动秒表同时用量杯接在被检泵底部出口，使柱塞与泵筒之间漏失油全部流入量杯。

⑨ 当到达1min时，立即取出量杯并停止秒表，此时量杯内所接入油的体积既是被检泵当柱塞位于泵筒下部时，配合间隙的漏失量。其漏失量值不应超过表2-48所列数值。

⑩ 测试结束后停泵，打开系统泄压阀，系统泄压，试验结束。同时将系统增压阀门旋转至较松状态。

⑪ 若泵筒长度大于3m时，还必须进行泵筒上部漏失量的测试，具体步骤同②～⑩。

⑫ 关闭电源，试验结束。

表2-48　配合间隙最大漏失量推荐值

标称直径 mm	试验压力 MPa	间隙代号				
		1	2	3	4	5
		最大漏失量，mL/min				
27.0	10	170	350	645	1060	1620
31.8		200	415	760	1 245	1 910
38.1		235	500	910	1 495	2 290
44.5		275	580	1 060	1 745	2 670
45.2		280	590	1 075	1 770	2 715
50.8		315	665	1 210	1 990	3 050
57.2		355	745	1 360	2 240	3 435
63.5		390	830	1 510	2 490	3 810
69.9		550	1 170	2 140	3 530	5 410
82.6		650	1 380	2 530	4 170	6 390
95.3		750	1 600	2 920	4 810	7 380

注：(1) 密封试验和漏失量试验介质均选用10号轻柴油，在20℃温度时运动黏度3～8mm²/s，柱塞长度为1.2m。

(2) 配合间隙最大漏失量不能作为判定泵配合间隙的最终依据。

(6) 阀球和阀座密封性能试验：

① 将阀球和研磨后的阀座置于真空试验台上，使台面上的吸气孔位于阀座中间。

② 稍加用力压紧，启动真空泵。

③ 观察真空表上的读数，当真空抽至64.32kPa时，关闭真空泵。

④ 启动秒表，同时观察真空表上的读数，经3s，若真空不降则为合格，否则为不合格。

⑤ 取下阀球和阀座，试验结束。

(7) 硬度检测：

① 打开小负荷维氏硬度计电源开关。

② 转动物镜、压头转换罩壳，使20X物镜处于主体正前方位置。

③ 将被试件放在试验台上，转动旋轮使试验台上升，眼睛接近测微目镜观察，当被检样离物镜下端3mm时，在目镜的视场中心出现明亮光斑，说明聚焦面即将来到，此时应缓慢微量上升，直至在目镜中观察到被试件表面清晰成像，这时聚焦过程完成。

④ 如果在目镜中观察到的成像呈模糊状或一半清晰一半模糊，则说明光源中心偏离系统光路中心，需调节灯泡的中心位置，如果视场太亮或太暗，可通过面板调节光源强弱。

⑤ 如果想观察被试件表面上较大的视场范围，可将物镜压头转换罩壳逆时针转至主体前方，此时，光学系统放大倍率为100倍时，处于观察状态。

⑥ 间隙为0.4~0.5mm，当测量不规则被试件时，要小心压头碰及被试件，损坏压头[①]。

⑦ 转动试验力变换手轮，使试验力符合选择要求。

⑧ 根据试验要求在操作面板上按试验力延时保荷时间键

---

① 此处指维氏硬度计的金刚石压头。

（每按一次为5s，"＋"为加"－"为减）。

⑨ 启动加载试验力，至加载稳定前不要转换面罩，以免损坏压头装置及影响压头测量精度。

⑩ 将转换面罩转动，使20X物镜处于主体正前方，这时可在测微目镜中测量对角线长度，根据测量长度查表得到维氏硬度值。

（8）泵筒工作表面质量：

① 将被检泵置于试验台上。

② 观察泵筒内涂层与基体金属结合是否牢固。

③ 观察泵筒是否有气泡、麻点、起皮、剥落或碰伤等缺陷。

（9）柱塞工作表面质量：

① 将被检泵置于试验台上。

② 观察喷涂柱塞其喷涂层与基体金属结合是否牢固。

③ 观察柱塞是否有气泡、麻点、起皮、剥落或碰伤等缺陷。

（10）泵筒工作表面粗糙度：将被检泵置于试验台上，对泵筒内表面粗糙度100%进行目测检验。

（11）柱塞工作表面粗糙度：将被检泵置于试验台上，对柱塞外表面粗糙度100%进行目测检验。

（12）泵筒接箍螺纹精度：将油管螺纹规旋入泵筒前端接箍，直至手紧，用游标卡尺测量不同部位的螺纹紧密距，并做好记录。

（13）柱塞螺纹精度检验：将柱塞平放于试验台，用抽油杆螺纹规环规和抽油杆螺纹塞规对柱塞上部开口阀罩螺纹精度进行检验。将B6塞规旋入产品内螺纹不超过3圈。将B2塞规旋入产品内螺纹，直到与端面接触，在量规端面和产品接触端面之间的任意一点，0.05mm塞尺应塞不进去。

（14）包装：检查抽油泵包装是否具备防潮、防撞的措施。

（15）标识：检查抽油泵外表面是否有出厂标牌，是否有制造厂商名称或商标、泵的代号及装配日期。

（16）涂漆：检查表面漆层是否均匀、牢固，是否有皱皮、堆积、斑点、气泡、剥落等缺陷。

(17)外露表面：检查外露表面是否有磕碰、锈蚀、咬痕，加工表面是否进行防锈处理；检查接箍内外螺纹是否旋上护帽。

五、检验结果评价

检验结果评价依据GB/T 18607—2008和SY/T 5059—2009标准，评价指标见表2−49。

表2−49 抽油泵评价指标

序号	检验项目	评价指标	
1	基本参数连接尺寸	标称直径、泵筒长度、柱塞长度符合标准	
2	灵活性能	柱塞放入泵筒内，往复拉动和转动时应轻快灵活，无阻滞现象	
3	配合间隙	金属柱塞与泵筒的配合间隙应符合表2−50的规定	
4	泵总成密封性能	经过组装后的抽油泵泵筒上端接试压接头，另一端接备件抽油泵的固定阀，在不低于表2−47中规定的压力下保压3min，压力降不超过0.5MPa	
5	配合间隙最大漏失量	泵筒长度3m以上的测上、下两个部位。泵筒长度小于或等于3m的只测下部漏失量，压力上升到10MPa后保压3min测漏失量，其漏失量值不超过表2−48所列数值	
6	阀球和阀座密封性能试验	阀球和阀座总成应在干燥密封面处进行100%真空试验，在最小真空度64.32kPa，在真空源隔离后，至少3s无泄漏	
7	柱塞硬度	喷涂（焊）金属	HV$_{200}$ 595
		镀铬	HV$_{100}$ 832～1160
8	泵筒工作表面质量	泵筒内涂层与基体金属结合应牢固，不应有气泡、麻点、起皮、剥落或碰伤等缺陷	
9	柱塞工作表面质量	喷涂柱塞其喷涂层与基体金属结合应牢固，不应有气泡、麻点、起皮、剥落或碰伤等缺陷	
10	泵筒工作表面粗糙度	目测检验应100%符合标准	
11	柱塞工作表面粗糙度	目测检验应100%符合标准	

序号	检验项目		评价指标
12	泵筒接箍螺纹精度	2 7/8 TBG 油管螺纹紧密距	1.27～8.89mm
		3 1/2 TBG 油管螺纹紧密距	1.27～8.89mm
		4 TBG 油管螺纹紧密距	3.175～9.525mm
13	柱塞上部阀罩最大螺纹尺寸		B6塞规旋入产品内螺纹不超过3圈
14	柱塞上部阀罩最小螺纹尺寸		B2塞规应旋入产品内螺纹，一直到端面接触
15	柱塞上部阀罩端面垂直度		B2塞规旋入产品内螺纹，直到端面接触，在量规端面和产品接触端面之间的任意一点，0.05mm塞尺应塞不进去
16	包装		包装箱或包装架都应具备防潮防撞的措施
17	标志		抽油泵外表面应有出厂标牌，其内容符合标准要求
18	涂漆		漆层应均匀、牢固，不应有皱皮、堆积、斑点、气泡、剥落等缺陷
19	外露表面		无磕碰、锈蚀、咬痕、加工表面必须进行防锈处理
			接箍内外螺纹应旋上护帽

表2－50　金属柱塞与泵筒的配合间隙　　单位：mm

间隙代号	泵筒内径及其极限偏差	金属柱塞			泵筒与金属柱塞配合间隙范围
		直径	尺寸分档	极限偏差	
1	$D_0^{+0.050}$	$d-0.025$	1	$D^0_{-0.003}$	0.025～0.088
2		$d-0.050$	2		0.050～0.113
3		$d-0.075$	3		0.075～0.138
4		$d-0.100$	4		0.100～0.163
5		$d-0.125$	5		0.125～0.188

注：D、d指泵筒与金属柱塞的标称直径。

六、抽油泵不合格的危害

（1）基本参数连接尺寸不合格会导致与油管和抽油杆连接不紧密。

（2）灵活性能不合格会造成摩擦阻力增大，能耗增大。

（3）配合间隙不合格、密封性能不合格会导致漏失。

（4）工作表面粗糙度不合格会导致摩擦阻力增大。

（5）泵筒接箍螺纹精度不合格会导致与油管偏扣，脱扣。

（6）游动阀罩螺纹精度、端面平行度不合格会导致抽油杆连接不紧密、脱落、偏扣等事故发生。

第五节　抽　油　杆

一、概述

抽油杆是有杆抽油设备的重要部件，抽油杆通过接箍连接成抽油杆柱，上经光杆连接抽油机，下接抽油泵的柱塞，其作用是将地面抽油机驴头悬点的往复运动传递给井下抽油泵，在抽油机的带动下，牵引井下抽油泵柱塞上、下往复直线运动，将井液抽到地面。

HL型、HY型钢制抽油杆示意图如图2-45所示。钢制抽油杆是实心圆形的钢杆，两端为镦粗的杆头。杆头由外螺纹接头、卸荷槽（应力分散槽）、推承面台肩、扳手方颈、凸缘和圆弧过渡区组成。外螺纹接头用来与接箍相连接，扳手方颈用来装卸抽油杆接头时卡抽油杆钳用。

1. 抽油杆的分类

抽油杆分为普通抽油杆、高强度抽油杆、特种抽油杆。特种抽油杆包括空心抽油杆、连续抽油杆（钢制杆）、玻璃钢抽油杆（柔性抽油杆、碳纤维复合材料抽油杆、钢丝绳抽油杆）、螺杆泵专用抽油杆（锥螺纹抽油杆、插接式抽油杆）、其他类型抽油杆（电热抽油杆）。按等级分为C级、D级、K级、KD级、HL级、HY级、纤维增强塑料抽油杆。

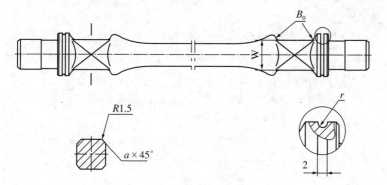

图2-45 HL型、HY型钢制抽油杆示意图

注：台肩外圆上加工出环形槽以和其他级别的钢制抽油杆区别

2. 抽油杆型号及表示方法

（1）实心抽油杆型号的表示为：

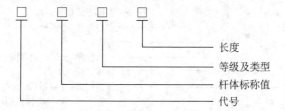

长度
等级及类型
杆体标称值
代号

（2）空心抽油杆型号表示为：

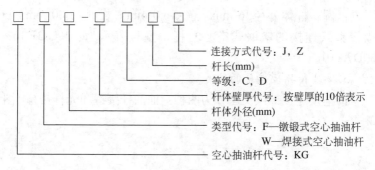

连接方式代号：J，Z
杆长(mm)
等级：C，D
杆体壁厚代号：按壁厚的10倍表示
杆体外径(mm)
类型代号：F—镦锻式空心抽油杆
       W—焊接式空心抽油杆
空心抽油杆代号：KG

示例：杆体外径36 mm、壁厚6.0 mm、长度8000 mm、D级直连式连接的镦锻式空心抽油杆，型号表示为：KGF36-60D8000Z。

(3) 空心抽油杆接箍型号表示为：

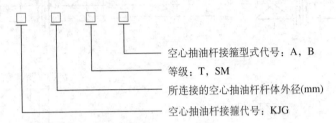

空心抽油杆接箍型式代号：A，B
等级：T，SM
所连接的空心抽油杆杆体外径(mm)
空心抽油杆接箍代号：KJG

示例：所连接的空心抽油杆杆体外径36 mm、T级、A型的空心抽油杆接箍，型号表示为：KJG36TA。

(4) 空心光杆型号表示为：

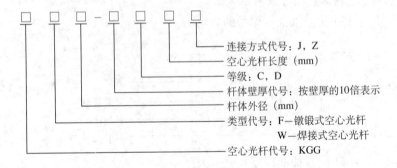

连接方式代号：J，Z
空心光杆长度（mm）
等级：C，D
杆体壁厚代号：按壁厚的10倍表示
杆体外径（mm）
类型代号：F—镦锻式空心光杆
W—焊接式空心光杆
空心光杆代号：KGG

示例：杆体外径36 mm、壁厚6.0 mm、长度7 000 mm、D级接箍式连接的镦锻式空心光杆，型号表示为：KGGF36-60D7000J。

3.接箍和异径接箍的种类

接箍按连接螺纹类型分为两种：抽油杆接箍和光杆接箍（图2-46）。

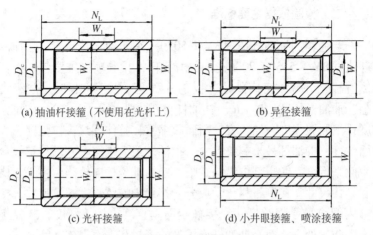

(a) 抽油杆接箍（不使用在光杆上）　　　　(b) 异径接箍

(c) 光杆接箍　　　　　　　(d) 小井眼接箍、喷涂接箍

图2-46　抽油杆接箍、光杆接箍和异径接箍

空心抽油杆接箍型式有两种，A型和B型（图2-47、图2-48）。

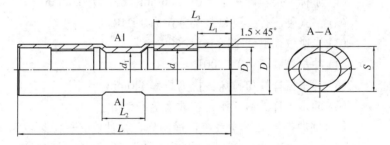

图2-47　空心抽油杆接箍A型

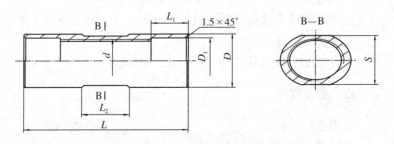

图2-48　空心抽油杆接箍B型

二、检验依据主要标准

普通钢制抽油杆依据SY/T 5029—2006《抽油杆》，空心抽油杆依据SY/T 5550—2006《空心抽油杆》。检验项目主要包括：杆体直径、外螺纹台肩外径、扳手方宽度、扳手方长度、凸缘直径、抽油杆长度、R_a、R_c、抽油杆材料化学成分(S、P)、抗拉强度、下屈服强度、伸长率、断面收缩率、整体螺纹抗拉强度、表面硬度、抽油杆最小螺纹尺寸、抽油杆最大螺纹尺寸、外螺纹台肩面平行度、镦粗部位纵向缺陷、镦粗部位横向缺陷、接箍规格和结构尺寸、接箍材料化学成分、接箍内螺纹最大螺纹尺寸、接箍内螺纹最小螺纹尺寸、接箍端面垂直度、接箍硬度、产品标志、防护处理、空心抽油杆连接处的密封和表面粗糙度等。

三、检验主要仪器设备

(1) 游标卡尺：测量范围0~300mm，分辨力0.02mm。

(2) 洛式硬度计：测量范围分辨力0.1HR。

(3) 光谱仪：谱线范围165~600nm。

(4) 冲击试验机：0~300J。

(5) 冲击试样缺口拉床：拉力行程340mm。

(6) 冲击试样缺口显影仪：放大倍率50倍。

(7) 抽油杆涡流探伤系统：横向伤，抽油杆光杆深裂纹深度大于0.1mm，裂纹长度大于$\pi D/8$(D为杆径)。抽油杆裂纹深度大于或等于0.3mm，裂纹长度大于$\pi D/8$(D为杆径)。纵向伤，满足相邻两界面裂纹伤痕深超过0.508mm，裂纹长度大于$\pi D/8$的裂纹伤痕的检测。

(8) 抽油杆螺纹规：P8、P6、B2、B6。

四、检验程序

1. 检验样品制样

(1) 机械性能拉力试样制备：

① 杆头：杆体两端头部开始计算，两端各截取长度为300mm的试样1段，共计2段。

② 杆体：从抽油杆中间杆体部分截取长度为500mm的试样5段。从整杆上截取时每段之间间隔不少于1000mm(图2-49)。

图2-49　截取抽样杆示意图

③ 取样截断后应将截取面处毛刺或飞边打磨光滑。

④ 每根抽油杆截下短样用标签贴好做标记。

⑤ 清洗抽油杆，量好尺寸并做好记录。

⑥ 拉力试验时，将检验的三根500mm长的抽油杆按间距100mm，如图2-50所示，用刻线机划线，一根作化学成分用，一根留作备样。

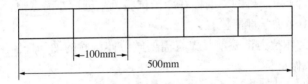

图2-50　抽油杆短样划线示意图

(2)冲击试验样品制备：

① 将抽油杆用铣床铣成10mm×10mm×55mm的标准的样品，试样表面粗糙度应优于5μm。

② 做夏比冲击试验(U形)缺口深度为2mm，底部曲率半径为1mm。

(3)硬度试样制备：

① 抽油杆表面硬度制样：将清洗干净的HY级抽油杆切成100mm长的短样。

② 接箍制样：将抽油杆接箍清洗干净，确保接箍接触面不能有杂质污物。

（4）材料分析试样制备：

① 将抽油杆一段切割成100mm左右的短节或接箍外径用铣床分别在两侧用铣床或车床铣成宽度不小于10mm的平面。

② 样品表面纹路，用砂粒度在26～46目的砂纸磨光机上进行打磨，纹路要求均匀。

2. 检验

（1）用游标卡尺进行抽油杆和接箍的尺寸检验，见表2-51、表2-52。

（2）用抽油杆螺纹规环规和抽油杆螺纹塞规进行检验，见表2-51、表2-52。

（3）用光谱仪对抽油杆和接箍的金属成分进行化学成分分析。

（4）用洛式硬度计对抽油杆表面硬度和接箍硬度进行检验，其中接箍硬度应选在近似中点处打点测量（图2-51）。

（5）用制好的标准样在冲击试验机上进行冲击试验。

（6）力学性能检验：

① 在拉力试验前，先将需要做拉伸试验的抽油杆体用刻线机划线做好标记。

② 将抽油杆试样夹持在拉力试验机上，施加拉力。

③ 断后伸长率的测量：将试样的断裂处对接在一起，使轴线处于同一直线上，通过施加适当的压力以使对接严密。用分辨率不低于0.1mm量具测量断后标距，量出长度值记录并输入计算机试验程序。

④ 屈服强度、断后伸长率、断后收缩率：取对应抗拉强度的那根试样相应的数值。

⑤ 断后收缩率的测量：将试样断裂部分仔细地配接在一起，使其轴线处于同一直线上，通过施加适当的压力以使对接严密。在缩颈最小处相互垂直方向测量其2次直径，记录并输入到计算机试验程序。计算截面积的值时，其值至少保留4位有效数字，计算时，常数π应至少取4位有效数字，建议取3.1416。

⑥整体螺纹抗拉强度：在试验机上拉断后将抗拉强度记录在原始记录上。

(7) 杆体表面缺陷用涡流探伤和目测的方式或用其他探伤机进行测量和检验。

(8) 标志、防护处理：按抽油杆、接箍和异径接箍质量评价表中进行检验。

表2—51　抽油杆尺寸检验

检验项目	检测工具	检验方法
最小螺纹尺寸（尺寸下限）	P6外螺纹止端环规	产品外螺纹接头旋入P6环规不超过3圈
最大螺纹尺寸（尺寸上限）	P8外螺纹通端环规	P8环规通过产品外螺纹接头与其台肩面接触
外螺纹台肩面平行度	P8外螺纹通端环规和0.05mm（0.002in）平面塞尺	P8环规通过产品外螺纹接头并与其肩端面接触，塞尺在环规端面和接头台肩之间任何一点应塞不进去
扳手方最大和最小宽度W_s	游标卡尺或间隙规[注：测量装置上的测量头最小宽度3.175mm（$1/8$in），其长度须等于或大于扳手方的宽度]	最大尺寸：测量的尺寸为表2—54值加上上偏差，或将间隙规调到保证使产品尺寸在规定的公差范围内的尺寸位置，检验时，间隙规应通过整个宽度。最小尺寸：测量的尺寸为表2—54减去下偏差，或将间隙规调到保证使产品尺寸在规定的公差范围内的尺寸位置，检验时，间隙规应通不过整个宽度
搬手方长度W_1	游标卡尺或间隙规	测量的尺寸为表2—54所列的值或将间隙规调到保证使产品尺寸在规定的公差范围内的尺寸位置，检验时产品的长度不得小于该尺寸

表2—52　接箍尺寸检验

检验项目	检测工具	检验方法
最大螺纹尺寸（尺寸上限）	B6接箍螺纹止端塞规	B6塞规旋入产品内螺纹不超过3圈
最小螺纹尺寸（尺寸下限）	B2接箍螺纹通端塞规	B2塞规旋入产品内螺纹，一直到端面接触

检验项目	检测工具	检验方法
接箍端面垂直度	B2接箍螺纹通端端塞规和0.05 mm（0.002 in）平面塞尺	B2塞规旋入产品内螺纹，直到端面接触，在量规端面和产品接触端面之间的任意一点，塞尺应塞不进去
接箍外部尺寸最大和最小外径	千分尺、游标卡尺或间隙规	最大直径（接箍外径）：测量尺寸为表2-56所列值加上上偏差或将间隙规调到保证产品在规定的公差范围内的尺寸，间隙规应能通过接箍的外径 最小直径（接箍外径）：测量尺寸为表2-56所列值减去下偏差或将间隙规调到保证产品在规定的公差范围内的尺寸，间隙规不得通过接箍的外径
接箍端部接触面宽度（接触面）C_f	游标卡尺或间隙规	最小宽度（接箍端部接触面）：接触面宽度应不小于表2-57所列值
接箍长度N_L	千分尺、游标卡尺或间隙规	最小长度：测量尺寸为表2-50所列的值或将间隙规调到保证产品在规定的公差范围内的尺寸，产品长度不得短于该尺寸

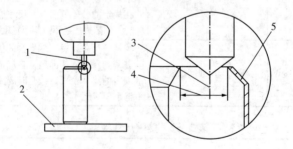

图2-51　金属洛氏硬度测定

1—硬度试验机压头；2—平台或工作台；3—近似中点处；
4—接箍的端面宽度；5—喷涂金属涂层

表2-53 钢制抽油杆材料及力学性能

等级	材料	抗拉强度R_m MPa（lb/in²）	屈服强度R_{eL} (0.2%的残余变形) MPa（lb/in²）	伸长率A 200mm %	断面收缩率Z %	表面硬度 HRC	心部硬度 HB
C	优质碳素钢或合金钢	620～795 (90000～115000)	≥415(60000)	≥13	≥50	—	—
K	镍钼合金钢	620～795 (90000～115000)	≥415(60000)	≥13	≥60	—	—
D	优质碳素钢或合金钢	795～965 (115000～140000)	≥590(85000)	≥10	≥50	—	—
KD	镍钼合金钢	795～965 (115000～140000)	≥590(85000)	≥10	≥50	—	—
HL	合金钢	965～1195 (140000～173339)	≥795(115000)	≥10	≥45	—	—
HY	合金钢	965～1195 (140000～173339)	—	—	—	≥42	≥224

表2-54 钢制抽油杆一般尺寸和公差

抽油杆标称值	16(5/8)	19(3/4)	22(7/8)	25(1)	29(1¹/₈)
API名义长度	7620(25) 9140(30)	7620(25) 9140(30)	7620(25) 9140(30)	7620(25) 9140(30)	7620(25) 9140(30)
国内名义长度	8000 10000	8000 10000	8000 10000	8000 10000	8000 10000
杆体直径	$15.88^{+0.18}_{-0.36}$ $(0.625^{+0.007}_{-0.014})$	$19.05^{+0.20}_{-0.41}$ $(0.750^{+0.008}_{-0.016})$	$22.23^{+0.20}_{-0.41}$ $(0.875^{+0.008}_{-0.016})$	$25.40^{+0.23}_{-0.46}$ $(1.000^{+0.009}_{-0.018})$	$28.58^{+0.25}_{-0.51}$ $(1.125^{+0.010}_{-0.020})$
外螺纹台肩外径D_f	$31.8^{+0.13}_{-0.25}$ $(1.250^{+0.005}_{-0.010})$	$38.1^{+0.13}_{-0.25}$ $(1.500^{+0.005}_{-0.010})$	$41.3^{+0.13}_{-0.25}$ $(1.625^{+0.005}_{-0.010})$	$50.8^{+0.13}_{-0.25}$ $(2.000^{+0.005}_{-0.010})$	$57.2^{+0.38}_{-0.38}$ $(2.250^{+0.015}_{-0.015})$
扳手方宽度 $W_s±0.8(±0.031)$	22.2(0.875)	25.4(1.000)	25.4(1.000)	33.3(1.313)	38.1(1.500)
扳手方长度W_1	31.8(1.250)	31.8(1.250)	31.8(1.250)	38.1(1.500)	41.3(1.625)
API抽油杆长度 ±50(±2.0)	508(20) 1118(44) 1727(68) 2337(92) 2946(116) 7518(296) 9042(356)	508(20) 1118(44) 1727(68) 2337(92) 2946(116) 7518(296) 9042(356)	508(20) 1118(44) 1727(68) 2337(92) 2946(116) 7518(296) 9042(356)	508(20) 1118(44) 1727(68) 2337(92) 2946(116) 7518(296) 9042(356)	508(20) 1118(44) 1727(68) 2337(92) 2946(116) 7518(296) 9042(356)

国内抽油杆长度 ±50	900, 1400, 1900, 2400, 2900, 3400, 7900, 9900	900, 1400, 1900, 2400, 2900, 3400, 7900, 9900	900, 1400, 1900, 2400, 2900, 3400, 7900, 9900	900, 1400, 1900, 2400, 2900, 3400, 7900, 9900	900, 1400, 1900, 2400, 2900, 3400, 7900, 9900
镦粗凸缘直径 D_U	$31.1^{+0.13}_{-3.17}$ $(1.219^{+0.005}_{-0.125})$	$35.7^{+0.13}_{-3.17}$ $(1.406^{+0.005}_{-0.125})$	$38.1^{+0.13}_{-3.17}$ $(1.500^{+0.005}_{-0.125})$	$48.4^{+0.13}_{-4.76}$ $(1.906^{+0.005}_{-0.188})$	$55.6^{+0.13}_{-4.76}$ $(2.188^{+0.005}_{-0.188})$
$A_R \pm 3.2(\pm 0.125)$	47.6(1.875)	57.1(2.250)	66.7(2.625)	76.2(3.000)	85.7(3.375)
$C_R{}^{+1.59}_{-0.40}\left({}^{+0.063}_{-0.016}\right)$	3.2(0.125)	3.2(0.125)	4.8(0.188)	4.8(0.188)	4.8(0.188)

注：所有尺寸均用毫米表示（括号内为英寸），但API名义长度一栏括号内为英尺。

表2-55　HY型抽油杆扳手方尺寸

抽油杆标称值 mm（in）	杆体直径 mm（in）	扳手方宽度$W\pm$0.80（0.031） mm（in）	过渡圆弧B^{+2} mm	扳手方倒角α mm
19（3/4）	19.05（3/4）	25.4（1）	8	4
22（7/8）	22.23（7/8）	28.5（$1\frac{1}{8}$）	8	5
25（1）	25.4（1）	33.3（$1\frac{5}{16}$）	8	6

注：（1）杆体直径公差与表2-54所列相应的杆体直径公差值相同。

　　（2）扳手方长度与表2-54所列相应的扳手方长度相同。

表2-56　接箍和异径接箍

与接箍匹配的抽油杆标称值	外径$W^{+0.13}_{-0.25}$	长度$N_{L0}^{+1.57}$	扳手方长度W_1	扳手方宽度$W_{f-0.8}^{0}$
16SH	31.8	101.6	—	—
16	38.1	101.6	31.8	34.9
19SH	38.1	101.6		
19	41.3	101.6	31.8	38.1
22SH	41.3	101.6		
22	46.0	101.6	31.8	41.3
25SH	50.8	101.6	—	—
25	55.6	101.6	38.1	47.6

与接箍匹配的抽油杆标称值	外径$W_{-0.25}^{+0.13}$	长度$N_{L0}^{+1.57}$	扳手方长度W_1	扳手方宽度$W_{f-0.8}^0$
29	60.3	114.3	41.3	53.9
25 SH 异径接箍	50.8	114.3	—	—
25 异径接箍	55.6	114.3	38.1	47.6
29 异径接箍	60.3	127.0	41.3	53.9

注：所有尺寸均用 mm 表示。

表2-57 内外螺纹台肩接触面

抽油杆标称值	16（$^5/_8$）	19（$^3/_4$）	22（$^7/_8$）	25（1）	29（$1^1/_8$）
螺纹名义直径	24（$^{15}/_{16}$）	27（$1^1/_{16}$）	30（$1^3/_{16}$）	35（$1^3/_8$）	40（$1^9/_{16}$）
接触面最小直径D_c	29.90 (1.177)	36.25 (1.427)	39.42 (1.552)	47.37 (1.865)	53.59 (2.110)
最小端面宽度C_f	0.66 (0.026)	2.03 (0.080)	2.03 (0.080)	3.61 (0.142)	4.34 (0.171)

注：所有尺寸均用 mm 表示（括号内为 in）。

表2-58 空心抽油杆的规格和结构尺寸

规 格	KG32	KG34	KG36	KG38	KG40	KG42
杆体外径 $D\pm0.25$，mm	32	34	36	38	40	42
杆体壁厚 $\delta\pm0.25$，mm	5.0	5.5	5.5, 6.0	6.0	6.0	6.0
螺纹标称尺寸d，in	$1^7/_{16}$	$1^9/_{16}$	$1^9/_{16}$	$1^3/_4$	$1^7/_8$	$1^7/_8$
沟槽槽顶直径 $D_{1-0.14}^{-0.07}$，mm	40	42	42	48	50.8	50.8
沟槽槽底直径 $D_{2-0.05}^0$，mm	35.8	37.8	37.8	43.8	46.5	46.5
外螺纹台肩直径 $D_3^{+0.13}_{-0.25}$，mm	48	50	50	56	59	59
内螺纹沉孔直径 $D_4^{+0.07}_0$，mm	40	42	42	48	50.8	50.8

规 格		KG32	KG34	KG36	KG38	KG40	KG42
外螺纹长度 L_1，mm	F型	示例30	32	32	35	35	35
	W型	示例38	38	38	38	38	38
沟槽宽度 $L_2{}^{+0.25}_{0}$，mm		3.6	3.6	3.6	3.6	3.6	3.6
外螺纹端面到台肩端面的距离 L_3，mm	F型	53	55	55	59	59	59
	W型	63	63	63	63	63	63
扳手方长度 L_4，mm		示例34	34	34	40	40	40
焊缝到台肩端面的最小距离 L_5，mm		15	15	15	15	15	15
内螺纹沉孔长度 L_6，mm	W型	29	29	29	29	29	29
内螺纹端面至内螺纹终端的长度 L_7，mm		68	68	68	68	68	68
过渡圆角 R mm	F型	25～30	25～30	25～30	25～30	25～30	25～30
	W型	5～7	5～7	5～7	5～7	5～7	5～7
过渡圆角 r，mm		≤1.5	≤1.5	≤1.5	≤1.5	≤1.5	≤1.5
扳手方宽度 S mm	F型	41	41	41	46	示例50	50
	W型	41	44	44	49	示例54	54
使用的O型密封圈代号GB 3452.1—2005		34.5×2.65	36.5×2.65	36.5×2.65	42.5×2.65	45.0×2.65	45.0×2.65
空心抽油杆长度 $L\pm50$，mm		7000，7500，8000，8500，9000，9500，10000					
空心抽油杆短节长度 $L\pm50$，mm		1000，1500，2000，3000					

表 2-59 空心抽油杆接箍的规格和结构尺寸

规格	型式	所连接的空心抽油杆规格	螺纹标称尺寸 d in	接箍外径 $D^{+0.13}_{-0.25}$ mm	空刀槽直径 d_1	沉孔直径 $D_1^{+0.07}_{0}$	沉孔长度 L_1	扳手方长度 L_2	接箍端面至内螺纹终端的长度 L_3	接箍长度 L	扳手方宽度 S
							mm				
KJG32	A	KG32	$1\frac{7}{16}$	48	32	40	29	34	68	175	43
	B				—			34	—	130	45
KJG34	A	KG34	$1\frac{9}{16}$	50	33	42	29	34	68	175	44
	B				—			34	—	130	46.3
KJG36	A	KG36	$1\frac{9}{16}$	50	33	42	29	34	68	175	44
	B				—			34	—	130	46.3
KJG38	A	KG38	$1\frac{3}{4}$	57	41	48	29	40	68	180	52
	B				—			40	—	130	54
KJG40	A	KG40	$1\frac{7}{8}$	60	44	50.8	29	40	68	180	55
	B				—			40	—	130	57
KJG42	A	KG42	$1\frac{7}{8}$	60	44	50.8	29	40	68	180	55
	B				—			40	—	130	57

表 2-60 空心光杆的规格和结构尺寸

规格	杆体外径 $D\pm0.25$ mm	杆体壁厚 $\delta\pm0.25$ mm	左端抽油杆螺纹 d in	右端锥管螺纹 Z in	空心光杆长度 $L\pm50$ mm	适用空心抽油杆规格
KGG36	36	6.0	$1\frac{9}{16}$	1	7000, 8000, 9000, 10000, 11000	KG32、KG34、KG36
KGG38	38	6.0	$1\frac{3}{4}$	1		KG36、KG38
KGG42	42	6.0	$1\frac{7}{8}$	$1\frac{1}{4}$		KG40、KG42

注：空心光杆杆头的其余尺寸和空心抽油杆相同。

表 2-61 C 级和 D 级空心抽油杆、空心光杆的材料及力学性能

等级	材料	下屈服强度 R_{el} MPa	抗拉强度 R_m MPa	断后伸长率 A %	断面收缩率 Z %
C	优质碳素钢或合金钢	≥412	620~793	≥13	≥50
D		≥620	793~965	≥10	≥48

五、检验结果评价

评价指标见表2-62、表2-63。

表2-62　抽油杆、接箍和异径接箍质量评价表

序号	检验项目	评价指标
1	杆体直径	应符合表2-54的规定，HY型抽油杆端部扳手方符合表2-55的规定
	外螺纹台肩外径	
	扳手方宽度	
	扳手方长度	
	凸缘直径	
	抽油杆长度	
	R_a	
	R_c	
2	抽油杆材料化学成分（S、P）	含硫量不应大于0.035%，含磷量不应大于0.035%
3	抗拉强度	应符合表2-53的规定
	下屈服强度	
	伸长率	
	断面收缩率	
	整体螺纹抗拉强度	应不小于表2-53中抗拉强度的下线规定
	表面硬度	应不小于HRC42
4	抽油杆最小螺纹尺寸	使用P6外螺纹止端环规旋入抽油杆外螺纹接头，环规不超过3圈
5	抽油杆最大螺纹尺寸	使用P8外螺纹通端环规旋入抽油杆外螺纹接头与其台肩面接触
6	外螺纹台肩面平行度	P8环规通过抽油杆外螺纹接头并与其台肩面接触，塞尺在环规端面和接头台肩之间任何一点应塞不进去
7	镦粗部位纵向缺陷	深度或高度不超过0.79mm
	镦粗部位横向缺陷	其深度不大于1.58mm

序号	检验项目		评价指标
8	接箍规格和结构尺寸	接箍外径	接箍的尺寸应符合表2-56的规定
		接箍长度	
		扳手方宽度	
		接箍最小端面宽度	应符合表2-57中规定
9	接箍材料化学成分		含硫量不应大于0.05%
10	接箍内螺纹最大螺纹尺寸		使用B6接箍螺纹止端塞规旋入接箍内螺纹不超过3圈
11	接箍内螺纹最小螺纹尺寸		使用B2接箍螺纹通端塞规旋入接箍内螺纹，一直到端面接触
12	接箍端面垂直度		B2塞规旋入接箍内螺纹，直到端面接触，在量规端面和接箍接触面之间任何一点，塞尺应塞不进去
13	接箍硬度		56HRA～62HRA
14	产品标志	抽油杆	在抽油杆的一端或两端扳手上打印制造厂商或商标、标称值、等级、标识代号
		接箍	在接箍的一端或两端扳手方上打印制造厂商或商标、标称值、等级、标识代号
15	防护处理	抽油杆	应采取防锈措施保护产品的金属表面，防锈剂不得低于52℃的温度下融化
		接箍	

表2-63 空心抽油杆质量评价表

序号	检验项目	评价指标
1	杆体外径	应符合表2-58或表2-60中的规定
	空心抽油杆长度	
	R	
2	空心抽油杆材料化学成分（S、P）	含硫量不应大于0.035%，含磷量不应大于0.035%
3	抗拉强度	应符合表2-61中的规定
	下屈服强度	
	伸长率	
	收缩率	
	空心抽油杆连接处的密封	密封试验压力不应低于20MPa

序号	检验项目		评价指标
4	空心抽油杆外螺纹最小螺纹尺寸		产品外螺纹接头旋入外螺纹止端环规不超过3圈
5	空心抽油杆外螺纹最大螺纹尺寸		外螺纹通端环规旋入产品外螺纹接头与其端面接触
6	外螺纹台肩平行度		外螺纹通端环规旋入产品外螺纹接头与其端面接触，塞尺在环规端面和接头台肩之间任何一点应塞不进去
7	纵向缺陷		纵向不应有裂纹，不应有大于0.5mm深、5mm长的折叠、沟槽、夹渣等
	横向缺陷		横向不应有裂纹，不应有大于0.3mm深、直径为5mm的凹坑
8	端部直线度		端部直线度最大允许值为2.0mm
9	表面粗糙度		空心光杆杆体表面粗糙度不应大于$Ra0.8\mu m$，焊接式空心抽油杆焊缝表面粗糙度不应大于$Ra6.3\mu m$
10	接箍规格和结构尺寸	接箍外径	应符合表2-59中的规定
		接箍长度	
		扳手方宽度	
11	接箍材料化学成分		含硫量不应大于0.05%
12	接箍内螺纹最大螺纹尺寸		内螺纹止端塞规旋入内螺纹接头不超过3圈
13	接箍内螺纹最小螺纹尺寸		内螺纹通端塞规旋入产品内螺纹接头与其端面接触
14	内螺纹端面垂直度		内螺纹通端环规通过产品内螺纹接头与其端面接触，塞尺在环规端面和接头端面之间任何一点应塞不进去
15	接箍硬度		56HRA～62HRA
16	产品标志	空心抽油杆	在抽油杆的一端或两端扳手方上打印制造厂商或商标、标称值、等级、标识代号
		接箍	在接箍的一端或两端扳手方上打印制造厂商或商标、标称值、等级、标识代号
17	防护处理	空心抽油杆	杆体应涂防护料，空心光杆的杆体应涂防锈脂
		接箍	接箍螺纹处应涂防锈脂

六、抽油杆不合格的危害

抽油杆的螺纹尺寸或抗拉强度不合格,易造成断杆或掉杆事故,增加了井下作业工作量。由于发生事故,而使抽油泵或用到抽油杆的设备停机,缩短了采油井的检泵作业周期,影响原油产量,在人力、物理上造成了重大的经济损失。

第三章 井下工具质量检验

第一节 油气田用封隔器

一、概述

1. 封隔器的用途

我国的油田大多数是多油层油田，由于油层是非均质性的，各油层的产量、压力和吸水能力往往差异很大，这样就往往会造成开采过程中的层间干扰和窜流。随着科学技术的发展，为了解决这一矛盾，油田实行了科学的分层开采技术，即采用"六分"(分层采油、分层注水、分层测试、分层研究、分层管理、分层改造)技术。这就必须首先将各层分开，也派生了封隔器(图3-1)这一井下工具，封隔器的用途就是在井筒内封隔油、水、气层，它是正确认识油田和合理开发油田的最重要的井下工具。

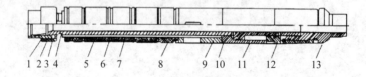

图3-1 油气田用封隔器示意图

1—上接头；2—压紧接头；3—反洗阀；4—中心管；5—外中心管；6—隔环；
7—胶筒；8—胶筒肩部保护机构；9—反洗套；10—密封圈；11—上活塞；
12—下活塞；13—下接头

2. 封隔器的基本原理

封隔器由钢体、胶皮封隔件部分与控制部分构成。是具有弹性的密封元件，并借此封隔各种尺寸管柱与井眼之间以及管柱之间环形空间，并隔绝产层，以控制产（注）液，保护套管的井下工具。在采油工程中封隔器用来分层，封隔器上设计有采油通道，坐封时，活塞套上行，采油通道被打开；坐封后，上层压力作用在平衡活塞上，向上推胶筒，使解封销钉免受剪切力；解封时，靠胶筒与套管的摩擦力剪断解封销钉，活塞套下行，关闭采油通道。

3. 封隔器的基本类型与型号表示方法

试油、采油、注水和油层改造都需要相应类型的封隔器，有的封隔器可用于试油、采油、注水和油层改造；有的主要用于试油、采油、注水；有的仅用于采油、注水、堵水等；有的适用于常温，有的适用于高温。根据封隔器的用途可分为：分层采油封隔器、分层注水封隔器、压裂封隔器、验窜用封隔器。根据封隔器工作原理可分为：支撑式、卡瓦式、皮碗式、水力压差式、水力自封式、水力密闭式、水力压缩式和水力机械式等多种，目前油田常用的是水力压差式、水力压缩式和水力机械式三种。根据封隔器封隔件实现密封的方式可分为：自封式、压缩式、组合式。

按封隔器分类代号、固定方式代号、坐封方式代号、解封方式代号、结构特征代号、使用功能代号及封隔器钢体最大外径、钢体内径、工作温度、工作压差等参数依次排列标注，型号表示为：

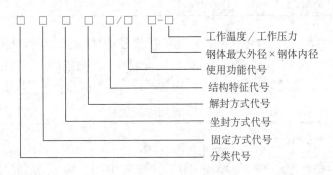

（1）分类代号：用分类名称第一个汉字的汉语拼音大写字母表示，组合式用各式的分类代号组合表示，见表3-1。

表3-1　分类代号

分类名称	自封式	压缩式	扩张式	组合式
分类代号	Z	Y	K	用各式的分类代号组合表示

（2）固定方式代号：用阿拉伯数字表示，见表3-2。

表3-2　固定方式代号

固定方式名称	尾管支撑	单向卡瓦	悬挂	双向卡瓦	锚瓦
固定方式代号	1	2	3	4	5

（3）坐封方式代号：用阿拉伯数字表示，见表3-3。

表3-3　坐封方式代号

坐封方式名称	提放管柱	转动管柱	自封	液压	下工具	热力
坐封方式代号	1	2	3	4	5	6

（4）解封方式代号：用阿拉伯数字表示，见表3-4。

表3-4　解封方式代号

解封方式名称	提放管柱	转动管柱	钻铣	液压	下工具	热力
解封方式代号	1	2	3	4	5	6

（5）结构特征代号：结构特征代号用封隔器结构特征两个关键汉字汉语拼音的第一个大写字母表示。如封隔器无下列结构特征，可省略结构特征代号。结构特征代号应符合表3-5规定。

表3-5　结构特征代号

结构特征名称	插入结构	丢手结构	防顶结构	反洗结构	换向结构	自平衡结构	锁紧结构	自验封结构
结构特征代号	CR	DS	FD	FX	HX	PH	SJ	YF

(6) 使用功能代号：使用功能代号用封隔器主要用途两个关键汉字汉语拼音的第一个大写字母表示。使用功能代号应符合表3-6规定。

表3-6 使用功能代号

使用功能名称	测试	堵水	防砂	挤堵	桥塞	试油	压裂酸化	找窜找漏	注水
使用功能代号	CS	DS	FS	JD	QS	SY	YL	ZC	ZS

(7) 钢体最大外径、钢体内径：用阿拉伯数字表示，单位mm。

(8) 工作温度：用阿拉伯数字表示，单位℃。

(9) 工作压差：用阿拉伯数字表示，单位MPa。

示例：封隔器型号为Y344/YL114×50—150/100,表示钢体最大外径为114mm，内径为50mm，工作温度为150℃，工作压差为100MPa，压缩式、悬挂式固定，液压坐封，液压解封，主要用于压裂酸化。

二、封隔器检验依据主要标准

封隔器检验主要依据SY/T 5106—1998《油气田用封隔器通用技术条件》和SY/T 6327—2005《石油钻采机械产品型号编制方法》及SY/T 5404—2011《扩张式封隔器》，检验项目主要包括外观、最小内径、最大外径、坐封载荷、密封压力、解封载荷、扩张压力、偏心、突出、残余变形、过盈、压缩距及封隔器上、下接头内外螺纹等。

三、主要仪器设备

电磁流量计：测量范围0～40m³/h，精度±0.5%；

压力表：测量范围0～60MPa，精度±0.5%；

游标卡尺：测量范围0～300mm，分辨力0.02mm；

钢卷尺：测量范围0～3000mm，分辨力0.5mm；

通径规：测量范围 ϕ46～ ϕ76mm。

四、检验原理

封隔器性能检验原理是将被检样品下入模拟试验井内后，根据其额定工作压力和温度，模拟其工作状态对其坐封性能、密封性能、解封性能和强度性能进行检验，检验其是否符合标准中规定的要求，如图3-2所示。

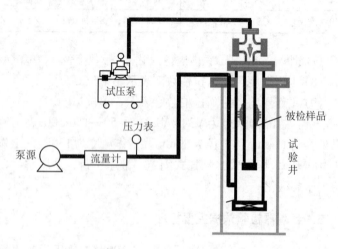

图3-2　检验原理图

五、检验程序

（1）标识检验：观察封隔器外圆柱面是否有标记槽，槽面上是否用钢字打上型号和钢体号。

（2）结构参数检验：主要是最小内径和最大外径检验。

① 最小内径检验：最小内径d的数值优先从表3-7给出的系列数据中选取。利用d-2mm通径规对封隔器内通径进行通过检验。

表3-7　内通径系列

最小内径d, mm	48	50	52	55	58	60	62	76

② 最大外径检验：最大外径D的数值优先从表3-8给出的

系列数据中选取。利用游标卡尺测量封隔器的最大外径,在封隔器的上、中、下部各选择1点测量外径3次,分别取平均值,取平均值中的最大值作为检验结果。

表3-8　最大外径系列

最大外径D, mm	90	95	100	114	140	146

（3）支撑压缩式封隔器的性能检验。支撑压缩式封隔器,是以井底（或卡瓦封隔器和支撑卡瓦）为支点,通过管柱加压来坐封的封隔器。主要实现分层试油、采油、找水、堵水等功能。不仅能单独使用,也可和卡瓦式封隔器或支撑卡瓦配套使用。

① 坐封性能检验:将封隔器下入试验井内预定位置后,以井底为支点,通过管柱加压压胀封隔件,密封油套环空,实现封隔器坐封。

② 密封性能检验:在封隔器上端施加额定的工作压力,稳压5min,记录初始压力和终止压力。泄掉封隔器上端压力后,在封隔器下端施加额定的工作压力,稳压5min,记录初始压力和终止压力。按以上步骤重复3次。分别在上、下端的3组工作压力中取压降最大的一组压力值作为检验结果。

③ 解封性能检验:上提油管,封隔件靠自身弹性收缩,完成封隔器解封。

（4）卡瓦压缩式封隔器的性能检验。卡瓦压缩式封隔器可以防止油管柱的轴向移动（单向移动或双向移动）,所用胶筒为压缩式,一般均靠下放一定管柱重力坐卡和坐封（压缩胶筒使其直径变大,封隔油、套环形空间）,也有靠从油管柱内加液压来坐卡和坐封的。不管是靠管柱重力坐卡和坐封也好,还是靠液压坐卡和坐封也好,都不能多级使用。主要实现分层试油、采油、找水、堵水等功能。

① 坐封性能检验:将封隔器下至预定位置后,上提管柱一定高度,继续下放管柱,使卡瓦卡在套管内壁形成支撑点,通过管

柱加压压胀封隔件,密封油套环空，实现封隔器坐封。

② 密封性能检验:在封隔器上端施加额定的工作压力，稳压5min，记录初始压力和终止压力。泄掉封隔器上端压力后，在封隔器下端施加额定的工作压力，稳压5min，记录初始压力和终止压力。按以上步骤重复3次。分别在上、下端的3组工作压力中取压降最大的一组压力值作为检验结果，当压降相同时取压力最小的一组压力值作为检验结果。

③ 解封性能检验：上提油管柱，锥体脱开卡瓦，轨道销钉滑至长轨道的下死点，完成封隔器解封。

（5）水力压缩式封隔器的性能检验。水力压缩式封隔器是依靠液压推动刚体使胶筒压缩发生弹性变形来封隔油、套环形空间。主要用于分层注水。

① 坐封性能检验：将试压泵与被检样品连接完毕后，启动试压泵，经中心管加压，当达到额定坐封压力时，稳压5min，重复5次，每次间隔5min。取5组坐封压力中压降最大的一组压力值作为检验结果。

② 密封性能检验：在封隔器上端施加额定的工作压力，稳压5min，记录初始压力和终止压力。泄掉封隔器上端压力后，在封隔器下端施加额定的工作压力，稳压5min，记录初始压力和终止压力。按以上步骤重复3次。分别在上、下端的3组工作压力中取压降最大的一组压力值作为检验结果，当压降相同时取压力最小的一组压力值作为检验结果。

③ 强度性能检验：在中心管施加额定工作压力，稳压5min，记录试验结果。

④ 解封性能检验：根据封隔器的结构特点，对封隔器施加解封载荷，记录完成解封时的解封载荷。

（6）水力扩张式封隔器的性能检验。水力扩张式封隔器是靠胶筒向外扩张来封隔油、套环形空间。因此，胶筒的内部压力必须大于外部压力，也就是油管压力必须大于套管压力。所以，水力扩张式封隔器必须与节流器配套使用。

① 坐封性能检验：将试压泵与被检样品连接完毕后，启动试压泵，经中心管加压，当达到额定坐封压力时，稳压5min，重复5次，每次间隔5min。取5组坐封压力中压降最大的一组压力值作为检验结果。

② 密封性能检验：在封隔器上端施加额定的工作压力，稳压5min，记录初始压力和终止压力。泄掉封隔器上端压力后，在封隔器下端施加额定的工作压力，稳压5min，记录初始压力和终止压力。按以上步骤重复3次。分别在上、下端的3组工作压力中取压降最大的一组压力值作为检验结果，当压降相同时取压力最小的一组压力值作为检验结果。

③ 强度性能检验：在中心管施加额定工作压力，稳压5min，记录试验结果。

④ 解封性能检验：根据封隔器的结构特点，对封隔器施加解封载荷，记录完成解封时的解封载荷。

六、检验结果评价

检验结果评价以大庆油田为例，主要评价指标见表3-9。

表3-9　封隔器主要评价指标

序号	检验项目	评价指标
1	标识	外圆柱面用钢字打印型号和钢体号
2	合格证	带有产品合格证
3	螺纹防护措施	接头螺纹应涂防锈油脂并戴护丝
4	使用说明书	带有使用说明书
5	内通径 d	$d-2mm$
6	油管外螺纹	螺纹规手紧紧密距牙数2
7	油管内螺纹	螺纹规手紧紧密距牙数2
8	坐封压力，MPa	液压类：5min内压降 ≤ (1+坐封压力 ×2%)
		其他类：技术指标
9	密封压力，MPa	5min内压降 ≤ (1+工作压力 ×2%)

序号	检验项目	评价指标
10	阀启开压力，MPa	≤2
11	洗井排量，m³/h	≥25(洗井压力≤2MPa)
12	重复密封率，%	100(10次)
13	强度试验	1.2~1.5倍坐封压力，无变形、损坏
14	解封载荷	技术指标

七、封隔器不合格的危害

根据封隔器的作用原理和性能，封隔器检验不合格最大的危害是不能起到封隔油、水、气层的作用。例如最大外径不合格导致封隔器下不了井，而内通径不合格测试工具下不进去，强度不够导致钢体变性，影响封隔器的封隔效果，解封不合格会导致油管在井底被卡死，提拉不动。压裂用封隔器不密封，很可能造成窜槽、错压油层甚至压开水层等重大井下事故，使井下作业工作量增大，给油田管理带来很大麻烦。用于分层采油封隔器不密封，达不到分层开采的目的，解决不了油井的层间矛盾。用于分层注水封隔器不密封，达不到注水要求，分层注水量混乱；对吸水能力高的油层注水量过大，使油井的含水过高，甚至达到100%。另外封隔器的上、下螺纹不合格，会造成与油管的连接不好，易造成油管不密封和掉管事故。封隔器标识钢印不清，在出现事故时，无法对工具生产信息进行追溯。

第二节 油气田用封隔器胶筒

一、概述

1. 封隔器胶筒的用途

封隔器胶筒是封隔器在井筒内封隔油、水、气层时最重要的部件，是油田分层开采、测试、注水、酸化及压裂用的筒状橡胶密封制品。封隔器胶筒如图3-3和图3-4所示。

图3-3　压缩式封隔器胶筒　　　图3-4　扩张式封隔器胶筒

2. 封隔器胶筒的基本类型与型号表示方法

按照其坐封方式可分为：压缩式封隔器胶筒和扩张式封隔器胶筒。

（1）压缩式封隔器胶筒型号表示为：

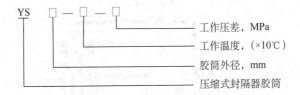

（2）扩张式封隔器胶筒型号表示为：

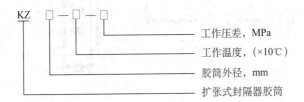

二、检验依据主要标准

封隔器胶筒主要依据HG/T 2701—1995《油气田用压缩（YS）式封隔器胶筒》进行检验，项目包括外观质量、结构尺寸、胶筒硬度、坐封性能、疲劳性能、耐压性能、外径变化率等。

三、主要仪器设备

游标卡尺：测量范围0～300mm，分辨力0.02mm；

橡胶硬度计：测量范围0～100邵尔，分辨力1邵尔；

油浸试验系统：温度200℃，精度±0.5%；压力100MPa，精度±0.5%。

四、检验原理

1.压缩式封隔器胶筒

检验原理是将被检样品下入模拟试验井内后，根据其额定工作压力和温度，模拟其工作状态对其坐封性能、疲劳性能、耐压性能进行检验，检验其是否符合标准中规定的要求。检验原理图参照图3-5。

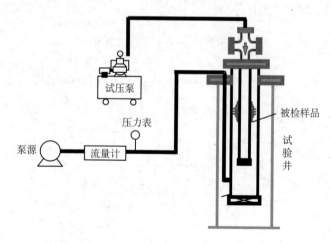

图3-5　检验原理图

2.扩张式封隔器胶筒

对油浸罐里的柴油加温，温度达到要求后，把安装到试验钢体上的胶筒放入油浸罐中，浸泡0.5个小时后提出，放入试验套管中，模拟胶筒在井下的工作状况，对胶筒施加压力，用于检验、评价胶筒性能。扩张式封隔器胶筒检验原理如图3-6所示。

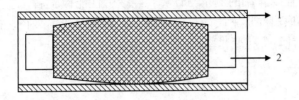

图3-6 扩张式封隔器胶筒检验原理图
1—试验套管；2—扩张式封隔器胶筒

五、检验程序

1. 压缩式封隔器胶筒

首先用眼观察胶筒表面是否有孔眼、裂口。胶筒表面不允许有超过表3-10规定限度的缺陷存在。

表3-10 压缩式胶筒外观检验缺陷要求

缺陷名称	缺陷要求
杂质	长度不大于2mm，宽度不大于1mm，高度或深度不大于0.5mm，不多于3处
气泡	长度、宽度不大于2mm，高度或深度不大于0.5mm，不多于3处
胶边	高度、宽度不大于1.5mm，长度不大于周长的1/3

坐封性能检验：用钢体活塞面积和给定的坐封力换算出坐封压力，将胶筒吊放于试验井中，向胶筒施加换算的坐封压力，坐封，同时用钢板尺测量压缩距。

疲劳性能检验：坐封后从胶筒一端加工作压差，稳压到规定的时间后，放掉压力，再从另一端加工作压差，如此两端各承压一次（即为一次疲劳），直至规定的疲劳次数。取最小的工作压差作为检验结果。

稳压性能检验：在疲劳性能检验中，工作压差下降20%时进行补压，记录试验补压次数。

外径变化率的测量与计算：经疲劳性能检验后，应立即从试验井取出并拆下胶筒，放置2h后，再测量胶筒外径，按公式（3-1）计算外径变化率。

$$\Delta\phi = \frac{\phi - \phi_。}{\phi_。} \times 100\% \qquad (3-1)$$

式中　ϕ—— 检验后胶筒外径，mm；

　　　$\phi_。$—— 检验前胶筒外径，mm；

　　　$\Delta\phi$—— 胶筒外径变化率。

浸后外观质量检验：检查并记录胶筒是否有破损、工作面是否有裂纹。

2. 扩张式封隔器胶筒

首先用眼观察胶筒表面，胶筒表面不允许有超过表3-11规定限度缺陷存在。

表3-11　扩张式胶筒外观检验缺陷要求

缺陷名称	缺 陷 要 求
杂质	长度不大于2mm,宽度不大于1mm，高度或深度不大于0.5mm，不多于2处
气泡	长度不大于2mm,高度或深度不大于0.5mm，不多于3处
接头痕迹	内表面接头痕迹深度不大于0.5mm，宽度不大于1mm，长度不限
缺胶	两头缺胶不允许露出骨架材料，斜面以内缺胶深度不大于1mm，总面积不大于80mm²

检查完外观后用游标卡尺、钢板尺测量其总长、胶筒内径、外径、颈部外径、颈部长度，并检查接头螺纹。

扩张性能检验：根据胶筒的规格型号选择相应的试验钢体并进行组装，将钢体的一端与打压头连接并拧紧，另一端用丝堵堵死。启动试压泵，以小排量由中心管加压，当胶筒外径扩张至规定的尺寸时，记录其扩张压力。

耐压性能检验：扩张性能检验后，释放压力使胶筒复原，将验证套管短节端正地套在胶筒上，向中心管内加至工作压力，稳压 5min，在套管短节两端测量间隙值，按公式 (3−2) 计算偏心值。

$$\Delta L = \frac{L_1 - L_2}{2} \tag{3-2}$$

式中　ΔL —— 偏心值，mm；

L_1 —— 最大间隙，mm；

L_2 —— 最小间隙，mm。

释放压力，测量胶筒肩部的最大突出长度（由钢碗端部量起），恢复 5min，再测胶筒肩部外径。按公式 (3−1) 计算残余变形，其中 $\Delta \Phi$ 表示残余变形。

疲劳性能检验：胶筒经扩张和耐压性能检验后，端正地套上套管短节，然后由中心管加压至规定值，进行疲劳性能试验。

爆破性能检验：疲劳性能检验后，再由中心管加压至规定值，进行爆破性能检验，记录爆破压力及胶筒是否破损。

浸后外观质量检查：检查并记录胶筒是否有破损、工作面是否有裂纹。

六、检验结果评价

检验结果评价以大庆油田为例主要评价指标见表 3−12 和表 3−13。

表 3−12　压缩式封隔器胶筒主要评价指标

序号	检验参数	评价指标
1	外观检查	胶筒表面不允许有孔眼、裂口
2	胶筒外径 D	$D^{+0.5}_{-1.0}$ mm
3	胶筒内径 d	$d \pm 0.5$mm
4	胶筒硬度	中胶筒与边胶筒硬度差 (8~12) 邵尔 A

序号	检验参数	评价指标
5	工作温度	(检验温度 ±1)℃
6	坐封力	(技术指标 ±) 5kN
7	工作压差	(技术指标 ±0.5) MPa
8	稳压时间	24 h
9	疲劳次数	3次
10	密封性能	工作压差下降20%时进行补压，全试验过程补压次数≤3次
11	残余变形率	≤4(工作温度＜120℃) ≤6(工作温度≥120℃)
12	浸后外观	工作面不允许有纵向裂纹，周向裂纹≤1/2周且不能穿透

表3-13　扩张式封隔器胶筒主要评价指标

序号	检验参数	评价指标
1	外观检查	胶筒表面不允许有孔眼、裂口
2	胶筒总长 L	$L \pm 3.0mm$
3	胶筒外径 D	$D \pm 1.0mm$
4	胶筒内径 d	$d \pm 0.5mm$
5	颈部外径 D_1	$D_1 \pm 0.5mm$
6	颈部长度 l	$l_{-2.0}^{0}$ mm
7	接头螺纹	技术指标
8	扩张压力	技术指标MPa
9	扩张外径	技术指标mm
10	耐压性能	技术指标 ±0.5，5min内压降≤(1+坐封压力 ×2%) MPa
11	偏心	技术指标mm
12	突出	技术指标mm
13	残余变形率	技术指标%
14	疲劳性能	技术指标 ±0.5，5min内压降≤(1+坐封压力 ×2%) MPa

序号	检验参数	评价指标
15	工作温度	检验温度 ±1℃
16	疲劳次数	技术指标（不卡）次
17	密封性能	技术指标 ±0.5，5min 内 压降≤1+坐封压力 ×2%MPa
18	浸后外观质量	工作面不允许有纵向裂纹，肩部不允许脱胶
19	爆破压力，MPa	技术指标

七、封隔器胶筒不合格的危害

1. 压缩式封隔器胶筒的不合格项危害

胶筒外径过大，在起管柱时容易刮在套管内壁损坏胶筒，影响封隔器的密封性能；外径过小，会使胶筒密封环套空间的能力下降。胶筒内径过大，影响密封；内径过小套不进中心管，无法组装在封隔器上使用。胶筒表面如果有孔眼、裂口，可能影响封隔器胶筒的密封性能。达不到规定的工作压力、稳压时间及疲劳次数的封隔器胶筒将直接影响封隔器的密封效果。

2. 扩张式封隔器胶筒的不合格项危害

胶筒结构尺寸不合格则胶筒无法安装到封隔器上，影响密封效果。胶筒的扩张性能、耐压性能、疲劳性能及爆破性能不合格时封隔器达不到密封效果。

第三节　偏心配水工具

一、概述

1. 偏心配水工具的用途

偏心配水工具是油田对油层进行分层定量注水，开发非均质油田的重要井下工具。根据油田注水开发采油工艺对各井层段的吸水能力，注水量的要求不同可通过偏心配水工具与封隔器配套使用，来调节控制各井层段的注水量，从而达到合理注水，提高油田采收率的目的。同时为解决油井层间干扰或调整注入水的驱油方向、降低油井出水量，还可作为堵水工具使用。

2．偏心配水工具基本原理

偏心配水器是一种活动式分层配水工具，主要由工作筒和堵塞器两大部分组成（图3–7）。配水嘴装在堵塞器上，可以用特殊打捞器打捞任意一级，灵活更换配水嘴，控制注水量。注水时，一部分进入堵塞器内，然后经出液孔到油、套管环形空间，注入该级配水器所控制的油层。由于这种配水器的堵塞器不占据管柱中间位置，所以不受级数限制，可控制多级，一般可下8～9级，同时在投捞某一级时其他各级仍可正常注水，并无很大的作业工作量，给测试工作也带来了很大的方便。

图3–7　偏心配水器

3．偏心配水工具型号表示方法及结构示意图

偏心配水工具包括偏心配水器（以下简称配水器）、工作筒、堵塞器、投捞器、测试密封段等。

1）配水器型号表示方法及结构示意图。

（1）配水器型号表示如下：

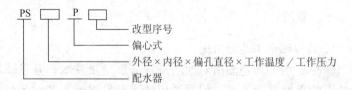

示例：PS114×46×20×70/15P—A/B表示外径为114mm、

内径为46mm、偏孔直径为20mm、工作温度为70℃、工作压力为15MPa的A/B型偏心配水器。

（2）配水器结构如图3-8和图3-9所示。

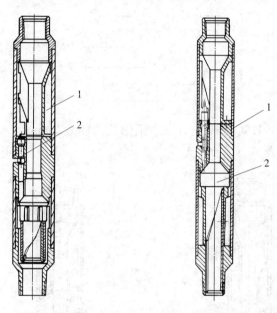

图3-8　PS114×46×20×70/15　　　图3-9　PS114×46×20×70/15

P—A型堵塞器结构　　　　　　　P—B型堵塞器结构

1—工作筒；2—堵塞器　　　　　　1—工作筒；2—堵塞器

2）工作筒型号表示方法及结构示意图。

（1）工作筒型号表示如下：

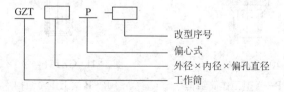

示例：GZT114×46×20P—A表示外径为114mm、内径为46mm、偏孔直径为20mm的A型偏心工作筒。

（2）工作筒结构如图3-10和图3-11所示。

3）堵塞器型号表示方法及结构示意图。

（1）堵塞器型号表示如下：

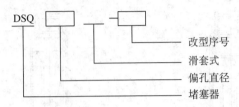

改型序号

滑套式

偏孔直径

堵塞器

示例：DSQ20HT—A/B 表示偏孔内径为20mm的A/B型滑套式堵塞器。

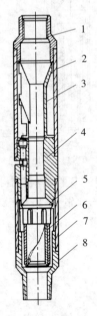

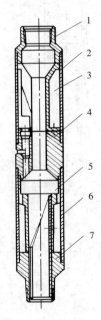

图3-10　GZT114×46×20

P—A型工作筒结构

1—接头；2—上连接套；3—扶正体；
4—工作筒主体；5—支架；6—导向体；
7—下连接套；8—下接头

图3-11　GZT114×46×20

P—B型工作筒结构

1—上接头；2—上连接套；3—扶正体；
4—工作筒主体；5—导向体；6—下连
接套；7—下接头

(2) 堵塞器结构如图3-12和图3-13所示。

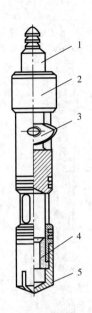

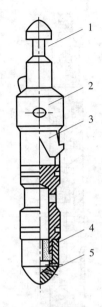

图3-12　DSQ20HT—A型
堵塞器结构

1—提捞杆；2—主体；3—凸轮；
4—配水嘴；5—过滤网

图3-13　DSQ20HT—B型
堵塞器结构

1—提捞杆；2—主体；3—卡钩；
4—配水嘴；5—过滤网

4）投捞器型号表示方法及结构示意图。

（1）投捞器型号表示如下：

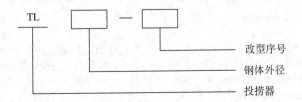

示例：TL45—A/B表示钢体外径为45mm的A/B型投捞器。

（2）投捞器结构如图3-14和图3-15所示。

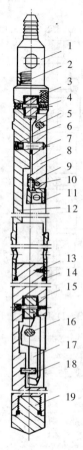

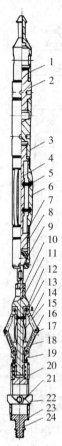

图3-14　TL45—A型投捞器结构

1—绳帽；2—密封圈；3—密封圈；
4—销钉；5—轴；6—销钉；7—压簧；
8—投捞爪；9—压簧；10—销钉；
11—投捞头；12—投捞体；13—销钉；
14—密封圈；15—导向体；16—轴；
17—导向爪；18—压簧；19—导向头

图3-15　TL42—B型投捞器结构

1—绳帽；2—接头；3—加重杆；
4—扶正器座；5—压簧；6—扶正块；
7—限位环；8—球座；9—球杆；
10—锁紧螺母；11—定向器座；
12—销子；13—销钉；14—上连杆；
15—板簧；16—销子；17—滚子；
18—下连杆；19—滑套；20—压簧；
21—扭簧；22—卡块；23—锁套；
24—支撑体

5) 测试密封段型号表示方法及结构示意图。

(1)测试密封段型号表示如下：

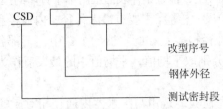

CSD

改型序号

钢体外径

测试密封段

示例：CSD44—A表示钢体外径为44mm的A型测试密封段。

（2）测试密封段结构如图3-16所示。

二、偏心配水工具检验主要依据标准

偏心配水工具检验主要依据SY/T5275—2002《偏心配水工具》，主要项目包括工作筒密封检验、堵塞器密封检验、堵塞器投入和捞出检验、投劳器投劳检验、测试密封段密封检验、偏心配水工具整机试验螺纹抗滑脱试验等。

三、检验主要仪器设备

压力表：0～60.0MPa，精度±0.5%；

游标卡尺：0～300mm，分辨力0.02mm；

钢卷尺：0～3000mm；分辨力0.5mm；

通径规：ϕ46～ϕ52mm；

油管螺纹环(塞)规：$2\frac{7}{8}$TBG；

拉力试验机：0～1000kN。

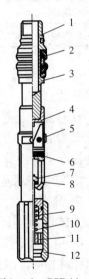

图3-16 CSD44—A型
测试密封段结构

1—主体；2—密封圈；
3—防松帽；4—定位器主体；
5—定位爪；6—定位爪弹簧；
7—顶杆挂；8—定位爪；
9—顶杆；10—弹簧；
11—坐开帽；12—保护套

四、检验程序

(1) 标识检验：检查钢体表面上用钢字打印的型号和钢体号。

(2) 结构尺寸检验：主要有最大外径、内通径和工具总长。

① 最大外径检验：在配水器的上、中、下部各选择 1 点测量外径 3 次，分别取平均值，平均值中的最大值作为配水器的最大外径。

② 内通径检验：选用与配水器内通径相对应的通径规，对被检样品进行通过检验。内通径与通径规尺寸对应关系见表 3-14。

表3-14　内通径与通径规尺寸对应关系表

通径规外径，mm	44	48	50
对应内通径，mm	46	50	52

③ 总长检验：等距离测量 3 次配水器的长度，取平均值为配水器的总长。

(3) 配水器性能检验：是将被检样品下入模拟试验井内后，根据其额定工作压力和温度，模拟其工作状态对其整机性能、强度性能进行检验，检验其是否符合标准中规定的要求。

① 将装有堵塞器的偏心配水器下入试验井内。

② 分别从上、下试压接头连接试压泵，进行正向和反向工作压力试验，当压力达到工作压力时，稳压 5min，重复 3 次。

③ 取 3 组工作压力中压降最大的一组压力值作为检验结果。如果压降相同，取最小的一组压力值作为检验结果。

(4) 投捞器投捞性能检验：将携带堵塞器的投捞器下入工作筒内投入、脱卡。之后将带有打捞头的投捞器下入工作筒内，捞出堵塞器。重复上述步骤 10 次。

(5) 螺纹抗滑脱性能检验：对样品施加轴向拉伸载荷（$\geq 380kN$），稳载 5min，卸载后用螺纹规检测螺纹，螺纹无变形为合格。

五、检验结果评价

检验结果评价应符合SY/T 5275—2002标准的要求，偏心配水工具主要评价指标见表3-15。

表3-15 偏心配水工具主要评价指标

序号	检验项目	评价指标
1	标识	工作筒主体上有产品型号、出厂编号钢印
2	内通径d	$d-2$mm
3	最大外径D	$D_{-1.0}^{0}$ mm
4	总长检验	技术指标mm
5	整体性能检验（密封性）	5min内压降≤1MPa
6	投捞成功率	100%
7	螺纹抗滑脱性能检验	≥380kN，稳载5min，无变形、损坏

六、偏心配水工具不合格的危害

偏心配水工具质量不合格关键项目为投捞成功率、整体密封和内外螺纹的抗滑脱。其中投捞成功率是最重要的评价项目，产品不合格将造成作业返工。因为配水器堵塞器下井时安装的是死嘴堵塞器，如果捞不出来或投不下去，则无法更换水嘴，致使该层段无法注水，这样势必要返工，重新启下配水管柱，造成作业量增加。其次是配水器本身密封不合格，会给注水带来混乱，使某些层段注水量增加，起不到分层注水作用，给油田管理带来麻烦，同时也会给油田生产造成很大影响。

第四节　抽油泵脱接器

一、概述

1.抽油泵脱接器工作原理

抽油泵脱接器是能使抽油杆与井下抽油泵柱塞连接或脱开

的井下工具（图3-17）。油井的产量不同，下井的抽油泵泵径大小也不同，而对于产液量较大的油井，就需要下泵径较大的抽油泵来满足产液量的需要。但由于抽油泵柱塞外径大于油管内径，无法先下泵筒，在下柱塞，这就需要将泵筒连同柱塞一起下井，然后再与抽油杆连接。如何将抽油杆与柱塞连接，脱接器就起到这个关键作用。将脱接器的心杆、滑套与柱塞连接，先下入井内。脱接器的弹簧爪与抽油杆连接，下井后弹簧爪伸入滑套内，抓住心杆上部"和尚头"，完成与柱塞的连接，柱塞则随抽油杆上下运动，达到抽油目的。当进行检泵起抽油杆时，上提抽油杆，脱接器滑套与泵筒上端卡住，达到一定力时，脱接器弹簧爪与心杆"和尚头"脱开，顺利将抽油杆起到地面。而脱接器心杆、滑套则与柱塞一起留在泵筒内，起油管时，与抽油泵一起到地面；它的另一个作用就是当未达到检泵周期时，若抽油杆出现了问题，可以单独起出抽油杆，而不需要起油管及抽油泵。

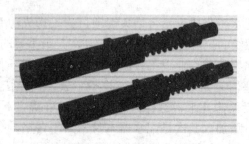

图3-17　油泵式脱接器

2. 脱接器的基本类型与型号表示方法

油田常用的脱节器主要有卡爪式脱接器、锁块式脱接器、轨道式脱接器三种类型。

表3-16　分类代号

分类名称	卡爪式脱接器	锁块式脱接器	轨道式脱接器
分类代号	K	S	G

脱接器型号表示如下：

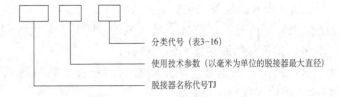

分类代号（表3-16）

使用技术参数（以毫米为单位的脱接器最大直径）

脱接器名称代号TJ

示例：TJ60K表示直径为60mm的卡爪式脱接器。

二、脱接器检验依据主要技术标准

脱接器检验主要依据SY/T 5732—2011《抽油泵脱接器》，主要项目包括结构尺寸、对接力、脱接力、拉伸屈服载荷、轴向疲劳寿命对接、脱接成功率等。

三、检验主要仪器设备

微机控制电子万能试验机：0.8～200kN，精度±0.5%；

游标卡尺：0～300mm，分辨力0.02mm；

钢卷尺：0～3000mm，分辨力0.5mm。

抽油泵脱接器性能指标检验主要依靠电子万能拉力试验机来完成，通过电脑实时采集试验数据和曲线。检验原理如图3-18所示。

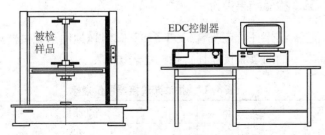

图3-18　抽油泵脱接器性能指标检验原理图

四、检验程序

(1) 结构尺寸的检验：包括最大外径和总长。

① 最大外径测量：用游标卡尺在脱接器的外径最大处测量3次，取最大值为被检脱接器的最大外径。

② 总长测量：用钢卷尺测量脱接器的总长，共测量3次，取平均值为被检脱接器的总长。

(2) 对接力检验：将脱接器上部与下部脱开（置于万能试验机上，脱接器上部朝上，脱接器下部朝下）紧固上、下试验接头，缓慢对接，测量对接力，重复三次。

(3) 脱接力检验：将对接上的脱接器装上试验接头，置于万能试验机上（脱接器上部朝上，脱接器下部朝下），紧固上、下试验接头，启动万能试验机使脱接器上部与下部脱接，测量脱接力，重复三次。

(4) 拉伸屈服载荷检验：将脱接器置于万能试验机上并紧固上、下试验接头，缓慢加载，测量拉伸屈服载荷。

(5) 轴向疲劳寿命检验：将脱接器置于万能试验机上并紧固上、下试验接头，按表3-17中的频率和脉动拉伸负荷，检验轴向疲劳寿命。

(6) 脱接器对接、脱接成功率检验：将脱接器下部在抽油泵柱塞上放入泵筒内，装好释放接头。在泵筒水平、倾斜20°~40°或垂直条件下，进行对接、脱接三次，成功率达到100%。

五、检验结果评价

检验结果评价应符合SY/T 5732—2011《抽油泵脱接器》标准的要求，抽油泵脱接器评价指标见表3-17。

表3-17 抽油泵脱接器评价指标

序号	检验项目	评价指标
1	对接力	1~3kN

序号	检验项目	评价指标	
2	脱锁力	4~6kN	
3	对接成功率	100%	
4	脱锁成功率	100%	
5	轴向疲劳寿命 N	$\geqslant 1 \times 10^7$(脉动拉伸负荷 $F_{min} = 2\ kN$，$F_{max} = 120kN$)；频率 $f = 5Hz$	
6	拉伸屈服载荷	$\geqslant 300kN$	$\geqslant 350kN$

六、脱接器不合格的危害

脱锁力过大会使抽油杆与柱塞脱开时的难度增大，对接力过小，脱接器与抽油泵连接不上，影响作业成功率。脱接器对接、脱锁成功率不合格将影响抽油杆与柱塞的连接和脱开的成功率，容易造成作业返工。脱接器轴向疲劳寿命检测时根据一年半的检泵周期及抽油机冲次数来确定的，脱接器未达到疲劳寿命以及未达到最大屈服载荷的，脱接器容易断裂，造成作业返工。

第五节 水力锚

一、概述

在井下作业中，水力锚是一种有效的常用管柱锚定装置(图3-19)，主要用于油水井压裂、酸化、高压分注等工艺中对管柱进行固定，从而提高井下工具及管柱的承压能力，防止因封隔器上、下压差大而引起管柱变曲或窜动，导致封隔器失效。将水力锚接

图3-19 水力锚

在管柱上，当井内压力大时，井内的液体顶起水力锚的锚爪，使锚爪上的合金块锚定在套管壁上，防止管柱因井内压力大而向上窜动。

水力锚是按水力锚锚爪的限位方式分为：扶正式、挡板式、板簧式。

二、水力锚检验依据主要标准

水力锚检验主要依据 SY/T 5628—2008《水力锚》，主要项目包括外观、标识、结构尺寸、锚爪牙齿表面硬度、锚爪伸缩性、启动压差、工作压差、锚定力等。

三、检验主要仪器设备

游标卡尺：0～300mm，分辨力 0.02mm；

压力表：0～160MPa，精度 ±0.25%；

指重表：0～120kN，精度 ±0.5%；

钢卷尺：0～3000mm，分辨力 0.5mm；

通径规：$\phi 46 \sim \phi 52$mm；

拉力传感器：0～1000kN，精度 ±0.5%。

四、检验原理

水力锚性能试验是将水力锚置入试验装置内，接好管线；将试验装置加温至试验温度；向水力锚中心管内加液压，记录锚爪的启动压差，水力锚内外压差增至工作压差后，稳压 5min，放压；重复 10 次；向水力锚中心管内加液压至工作压差后稳压；从试验装置的另一端给活塞加液压；记录水力锚开始移动时，试验装置中压力表 8 的读数。加温试验（试验介质为柴油）原理如图 3-20 所示。常温试验（试验介质为清水）原理如图 3-21 所示。

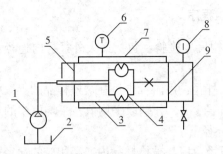

图 3-20 加温试验原理图

1—柱塞高压泵；2—油缸；3—套管短节；4—水力锚；5—活塞；
6—热电耦；7—加温试验罐；8—压力表；9—活塞

水力锚加温试验中实际锚定力按下式计算：

$$F = 10^{-3}Ap_1 \tag{3-3}$$

式中　F —— 水力锚的实际锚定力，kN；

　　　A —— 试验装置中活塞面积，mm^2；

　　　p_1 —— 代表加温试验装置中压力表8测的压力，MPa。

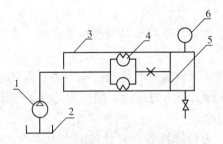

图 3-21 常温试验原理图

1—柱塞高压泵；2—油缸；3—套管短节；4—水力锚；5—活塞；6—压力表

水力锚的实际锚定力按下式计算：

$$F = 10^{-3}Ap_2 \tag{3-4}$$

式中　F —— 水力锚的实际锚定力，kN；

　　　A —— 试验装置中活塞面积，mm^2；

　　　p_2 —— 代表常温试验装置中压力表6测的压力，MPa。

五、检验程序

（1）结构尺寸检验：包括最大外径、内通径、总长和油管螺纹。

① 最大外径：用游标卡尺在被检样品的上、中、下部各选择1点测量外径3次，分别取平均值，平均值中的最大值为被检样品的最大外径。

② 内通径：用与被检样品内通径相应的通径规，对被检样品进行通过检验。内通径与通径规尺寸对应关系应符合表3-18规定。

表3-18　内通径与通径规尺寸对应关系表

通径规外径 mm	44	46	48	50	53	56	58	60	74
对应内通径 mm	46	48	50	52	55	58	60	62	76

③ 总长：用钢卷尺测量3次被检样品的总长，平均值作为被检样品的总长。

④ 油管螺纹：用手拧紧油管螺纹工作规，手紧紧密距牙数为2。

（2）工作压差检验：将连接的水力锚下入试验装置内，连接试压泵，进行工作压力试验，当压力达到工作压力时，稳压5min，重复10次。

（3）锚定力性能检验：将连接的水力锚下入试验装置内，连接好试压泵从中心管打压使水力锚坐封。对水力锚施加轴向拉力，水力锚的锚定力必须大于1.6倍的额定锚定力。水力锚卸压后1min后应恢复原样，毛爪牙齿不应高出锚体。

六、检验结果评价

检验结果评价以大庆油田为例，水力锚主要评价指标见表3-19。

表 3-19 水力锚主要评价指标

序号	检验项目	评价指标
1	标识	标记槽内应标有钢印标记，内容包括：制造厂代号、产品编号
2	合格证	有产品合格证
3	使用说明书	有使用说明书
4	螺纹防护措施	端部螺纹应涂密封脂并戴护丝
5	锚孔直径	技术指标
6	钢体最小内径	技术指标 ±0.5mm
7	钢体最大外径	技术指标 ±0.5mm
8	油管螺纹	$2\frac{7}{8}$TBG 油管螺纹环规 手紧紧密距牙数为2
9	锚爪牙齿表面硬度	HRC55.0～HRC62.0
10	常温锚爪伸缩性	水力锚在卸压后1min内应恢复原状，锚爪牙齿不允许高出锚体
11	常温启动压差	≤2.5MPa
12	常温锚定力	1.6倍额定锚定力，水力锚无移动，锚爪无损伤

七、水力锚不合格的危害

水力锚锚爪伸缩性不合格时，结垢、砂卡等问题会造成锚爪不能正常复位，使得水力锚卡井，不能正常起出作业管柱，有的甚至造成油水井的大修作业。锚爪表面硬度过高时对套管会造成严重伤害，特别是一些老井，会造成作业层段套损或套漏。锚定力不合格会造成管柱的窜动。

第六节 修井用磨铣鞋

一、概述

磨铣鞋是用来铣削井下落物的工具，其表面堆焊一层硬质合金复合强化材料，相当于一个具有多个刀头的切削刀具。当磨铣鞋堆焊面对着井下的落物旋转磨铣时，有大量的硬质合金颗粒嵌入被铣削的落物中，每颗硬质合金颗粒相当于一个小刀刃。当硬质合金颗粒切削刃被磨钝时，一方面堆焊层的胎体金属受到强烈的冲刷，使硬质合金逐渐露出；另一方面，硬质合金颗粒内的压力和应变增加，使其产生裂纹，沿裂纹面又造成一个新的切削刃。这一过程周而复始，直至全部硬质合金颗粒耗尽为止。

磨鞋可分为平底磨鞋、凹底磨鞋及领眼磨鞋等。铣鞋可分为梨形铣鞋、锥形铣鞋、和内齿铣鞋、外齿铣鞋、裙边铣鞋、套铣鞋等（图3-22）。

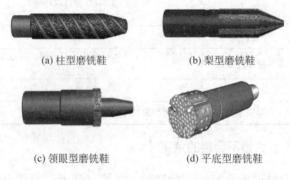

(a) 柱型磨铣鞋　　　　　　(b) 梨型磨铣鞋

(c) 领眼型磨铣鞋　　　　　(d) 平底型磨铣鞋

图3-22　磨铣鞋的常用类型

二、磨铣鞋检验依据主要标准

磨铣鞋检验主要依据SY/T 6072—2009《钻修井用磨铣鞋》，主要项目包括结构尺寸、接头螺纹、堆焊合金等级尺寸（堆焊合金均匀程度）、磨铣鞋寿命或总进尺等。

三、检验主要仪器设备

拉压传感器：0～300kN，精度 ±0.5%；

位移传感器：0～4m，精度 ±0.5%；

转速传感器：0～100r/min，精度 ±0.5%；

游标卡尺：0～300mm，分辨力0.02mm。

四、检验原理

磨铣鞋性能检验是将选定的油管固定在模拟试验套管中，再将铣鞋或磨鞋接在试验台的钻杆上（图3-23），按照规定的钻压、转速进行铣、磨。钻压及转速达到设定值后开始计时，每20min记录一次钻压、转速、进尺。累积的钻铣时间作为铣鞋寿命检验结果，累积的钻铣总进尺作为磨鞋寿命检验结果。

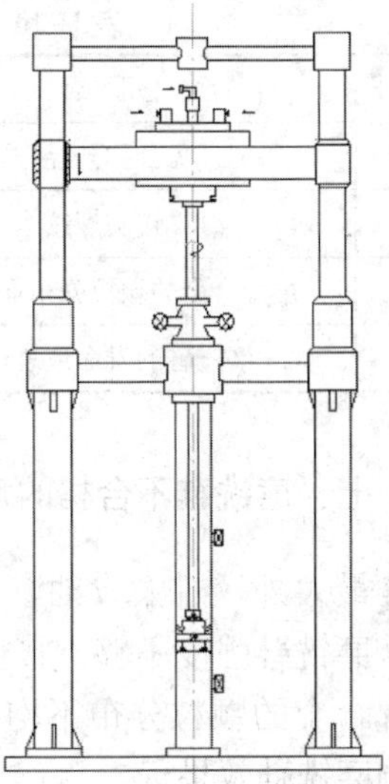

图3-23　磨铣鞋性能检验原理图

五、检验程序

（1）结构尺寸检验：包括最大外径、接头螺纹、颗粒等级尺寸及颗粒分布均匀度。

① 最大外径：用游标卡尺测量铣鞋或磨鞋最大外径3次，取平均值作为铣鞋或磨鞋的最大外径。

② 接头螺纹：用螺纹规测量铣鞋或磨鞋接头螺纹。

③ 颗粒等级尺寸及颗粒分布均匀度：利用目视方法检验铣鞋或磨鞋堆焊耐磨材料的颗粒等级尺寸及颗粒分布均匀度。

（2）寿命检验：将选定的油管固定在模拟试验套管中，再将铣鞋或磨鞋接在试验台的钻杆上，按照规定的钻压、转速进行铣、磨。钻压及转速达到设定值后开始计时，每20min记录一次钻压、转速、进尺。累积的钻铣时间作为铣鞋寿命检验结果，累积的钻铣总进尺作为磨鞋寿命检验结果。

六、检验结果评价

检验结果评价应符合SY/T 6072—2009《钻修井用磨铣鞋》标

准的要求，磨铣鞋主要评价指标见表3-20。

表3-20　磨铣鞋主要评价指标

序号	检验项目	评价指标
1	公称外径	技术指标 ±0.5mm
2	接头螺纹	$2\frac{7}{8}$REG
3	堆焊合金的颗粒分布均匀程度	颗粒分布均匀
4	磨铣鞋的寿命或总进尺	≥4h 或 ≥6m

七、磨铣鞋不合格的危害

最大外径过大，油套空间变小，不利于磨铣，最大外径过小，磨铣鞋强度不够。接头螺纹不合格，磨铣鞋无法连接钻杆。堆焊合金的颗粒分布不均匀、磨铣鞋的寿命或总进尺不够，均影响磨铣鞋效果。

第四章 油田化学剂质量检验

第一节 压 裂 液

一、概述

水力压裂是油气井增产，注水井增注的一项重要技术措施。压裂施工中压裂液的基本作用：(1)通过水力尖劈作用形成裂缝并使之延伸；(2)沿着裂缝输送并铺置支撑剂；(3)压裂后压裂液最大限度地破胶返排，减少对裂缝与油层的伤害，在储层形成一定长度的高导流的支撑缝带。

压裂液必须具备的性能要求：悬砂能力强、破胶返排快、稳定性和配伍性好、低残渣、低滤失、低摩阻、便于配制、成本适中。

常用的压裂液有以下几种类型：水基压裂液、油基压裂液、乳化压裂液、黏弹性表面活性剂压裂液等。水基压裂液由于其价格低廉、性能优良且易于处理，一直是应用最广泛的压裂液体系。

二、压裂液检验依据主要标准

压裂液检验主要依据SY/T 5107—2005《水基压裂液性能评价方法》和SY/T 6376—2008《压裂液通用技术条件》，主要包括基液表观黏度、压裂液耐温耐剪切能力、破胶液表观黏度、破胶液表面张力、破胶液与煤油界面张力、残渣含量等检验项目。

三、检验主要仪器设备

高速混调器：吴茵混调器或同类产品；转速0～8000r/min
常压同轴圆筒旋转黏度计：六速旋转黏度计；

控制应力流变仪：带密闭系统的流变仪或同类产品；

高速离心机：转速0～4000 r/min，配套离心管，离心管容量50mL；

表面张力仪：表面张力0～100mN/m，分辨力0.1mN/m；

高温高压滤失仪：室温～200℃，压差3.5MPa。

四、检验程序

1. 压裂液基液、交联剂和压裂液冻胶制备

（1）基液制备：现场抽取的基液可直接用于检验，对于被检方提供配方和添加剂的样品，需进行试样制备。

按配方需要量取实验用水，按配比称取稠化剂和添加剂备用。调节搅拌器转速，至液体形成的旋涡可以看到搅拌器浆叶中轴顶端为止。按顺序依次加入已称好的稠化剂和添加剂，稠化剂应缓慢加入，避免形成鱼眼，并时刻调整转速以保证达到旋涡状态，破胶剂应在制备冻胶前加入。

加完全部添加剂后持续搅拌5min，形成均匀的溶液，停止搅拌。将配好的基液倒入烧杯中加盖，在恒温30℃水浴中静置4h，使基液黏度趋于稳定。

（2）交联液制备：现场抽取的交联液可直接用于检验，对于被检方提供配方和添加剂的样品，按配比要求配制好所需浓度的交联剂溶液待用。

（3）冻胶制备：按试验所需用量将制好基液倒入烧杯中，按交联比量取交联液，如需要则加入破胶剂，用玻璃棒搅拌基液，边搅拌边加入交联液，直至形成能挑挂的均匀冻胶，避免形成气泡。

2. 表观黏度测定

将制备好的基液用六速旋转黏度计测定表观黏度，读取100r/min的黏度计指针读数。表观黏度按下式计算：

$$\mu = \frac{5.077\theta_{100}}{1.704}k \qquad (4-1)$$

式中 μ —— 胶粉溶液的表观黏度，mPa·s；

θ_{100} —— 黏度计指针读数；

k —— 黏度计校正系数。

3. 压裂液交联时间测定

对延迟交联的压裂液，应测定交联时间。将基液按试验所需用量倒入吴茵混调器搅拌杯中，改变转速使混调器内液面形成旋涡，直到旋涡底见到搅拌器顶端为止，使搅拌器恒速搅动，按交联比将所需交联液倒入，在混调器中搅拌，旋涡逐渐消失，到液面微微突起，形成能挑挂的均匀冻胶。用秒表记录交联剂溶液加入混调器中直至漩涡消失液面微微突起的时间。重复测三次，取平均值为检测结果。

4. 压裂液耐温能力测定

在流变仪密闭系统测试杯中加满压裂液后，对样品加热，测试程序选稳态温度曲线，控制升温速度为 $3.0℃/min \pm 0.2℃/min$，从 $30℃$ 开始实验，同时转子以剪切速率 $170s^{-1}$ 转动，压裂液在加热条件下在 $170s^{-1}$ 下受到连续剪切。用表观黏度随温度增加的变化值测定压裂液耐温程度。以表观黏度降为 $50mPa·s$ 时对应的温度表征为试样的耐温能力。

某压裂液样品测得的耐温能力曲线如图 4-1 所示，由图中可见，被测的压裂液样品耐温能力为 $89℃$。

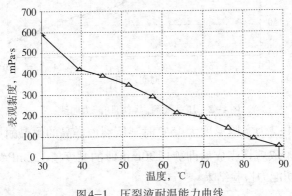

图 4-1　压裂液耐温能力曲线

5.耐温耐剪切能力测定

在流变仪密闭系统测试杯中加满压裂液，拧紧盖子，安放在加热套中，将转子安好，调整零点。设定好测试程序后，开始测量。

流变仪测试程序设为：第一步，温度设定，将温度设定为30℃；第二步，黏温曲线，温度从30℃升高到测试温度（一般为地层温度），控制升温速度为3.0℃/min±0.2℃/min，剪切速率设为170s^{-1}；第三步，时间曲线，剪切速率170s^{-1}，剪切时间为压裂施工时间，施工时间不足30min的按30min进行实验。设计中未明确施工时间的压裂液，地层温度60℃以下时剪切时间为30min，地层温度60～90℃时剪切时间为60min，地层温度90～120℃时剪切时间为90min，地层温度120℃以上时剪切时间为120min。取剪切完成后稳定黏度值为耐温耐剪切能力检测结果。

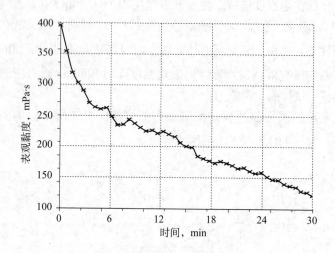

图4-2　压裂液耐温耐剪切能力曲线

图4-2为实验温度为45℃时某压裂液样品的耐温耐剪切能力曲线，取剪切完成后即剪切30min时的黏度值122mPa·s为耐温耐剪切能力检验结果。

6. 流变参数测定

在流变仪密闭系统测试杯中加满压裂液，拧紧盖子，安放在加热套中，将转子安好，调整零点。设定好测试程序后，开始测量。

测试程序设为：第一步，黏温曲线，温度从室温升高到测试温度（一般为地层温度），控制升温速度为$3.0℃/min \pm 0.2℃/min$，升温时间20min，剪切速率设为$170s^{-1}$，当温度达到测试温度的90%或时间达到20min时，可进行下一步实验；第二步，流动曲线，剪切速率由$0.5s^{-1}$到$170s^{-1}$连续变化，变剪切时间共计3min；第三步，时间曲线，剪切速率$170s^{-1}$，时间20min，然后重复第二步、第三步，重复次数根据施工时间确定。将流动曲线进行线性回归（应用软件自动进行）所得各曲线稠度系数K'、流动行为指数n值的平均值为检测结果。

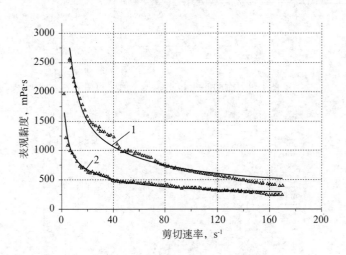

图4-3 流变参数测定——流动曲线

以MARS流变仪为例说明压裂液的K'、n值的计算方法。图4-3为MARS流变仪测得的一组压裂液流动曲线，施工时间为40min，因此流动曲线共测定二次，曲线1为测试程序中第二步流动曲线，曲线2为第三步完成后重复测定的流动曲线。

用流变仪测试软件对两次流动曲线数据进行回归，选用 Ostwald de waele 模型，即黏度 η 与剪切速率 γ 的关系为 $\eta = K' \gamma^{n-1}$，可得到压裂液的 K'、n 值。流动曲线1的 K' 值为 $6741 \mathrm{mPa \cdot s}^n$，$n$ 值为 0.4995（图4-4）。流动曲线2的 K' 值为 $2160 \mathrm{mPa \cdot s}^n$，$n$ 值为 0.6409（图4-5）。

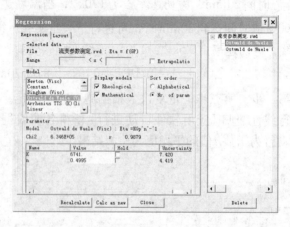

图4-4　流动曲线1的 K'、n 值回归结果

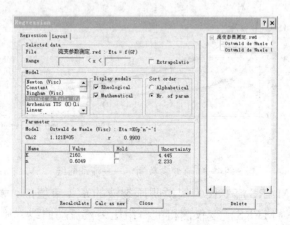

图4-5　流动曲线2的 K'、n 值回归结果

取两次测量的 K'、n 值的算数平均值为检测结果，即 K' = (6741+2160) /2=4450 mPa·s^n，n=(0.4995+0.6049) /2=0.5522。

7. 压裂液黏弹性测量

用流变仪锥平板测试系统测定压裂液黏弹性，选定振荡测量模式，安好转子，调整零点，降下升降台，达到测试温度后，放好样品，开始测量。首先在0.1Hz下进行应力扫描，确定线性黏弹区。线性黏弹区的测定是在较低频率下进行应力扫描，复合模量 G^* 恒定的应力范围为线性黏弹区。图4-6为压裂液应力扫描曲线，从图中可以看出，在应力 τ 为0.2～1.5Pa的范围内，G^* 基本恒定，线性黏弹区为0.2～1.5Pa。

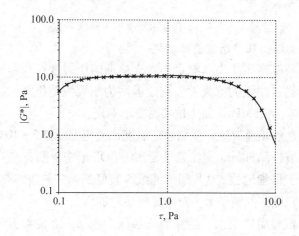

图4-6　压裂液应力扫描曲线

重新放置样品，在线性黏弹区内选定一应力值，在频率为0.01～10Hz范围内进行频率扫描，确定 G'、G'' 与振荡频率的关系。如果 G'、G'' 随频率 f 不规则变化，取 f = 0.1Hz时的数值为检验结果。图4-7为压裂液频率扫描曲线，从图中可以看出，压裂液的 $G' > G''$，可确定压裂液处于冻胶状态，f = 0.1Hz时，G' =6.9Pa，G'' =0.7 Pa。

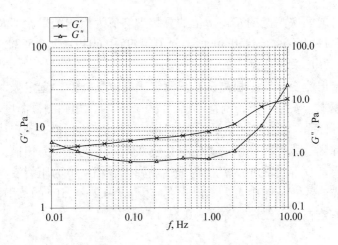

图4-7 压裂液频率扫描曲线

8. 高温高压静态滤失性测定

用高温高压滤失仪测定不含支撑剂的压裂液在高温、高压条件下通过滤纸的滤失性。测定温度为压裂液适用温度，测定试验压差为3.5MPa，回压按仪器要求确定。

调整加热套温度，使加热套温度比测定温度高5~10℃。装入压裂液样品300mL，注意不要沾污"O"形密封圈。在"O"形密封圈上仔细地放置2片圆形滤纸，装好滤筒并放进加热套内，使之坐在底部的销子上。对样品加热、加压。

按试验温度要求，给滤筒施加压力和回压，滤筒升温时间大约是30min，待滤筒温度达到测定温度时，用氮气压力源供给预定压力，随即打开进气阀，旋松阀杆螺纹约二分之一转。在放泄阀杆下放一个量筒，旋松阀杆螺纹二分之一转，使滤液开始流出，同时记录1min，4min，9min，16min，25min，30min，36min时的滤失量。测定过程中，温度允许波动为±5℃。

滤失性计算：用压裂液在滤纸上的滤失数据，以滤失量为纵坐标，以时间的平方根为横坐标，在直角坐标上作图（图4-8）。

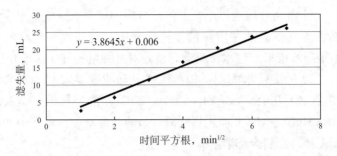

图4-8 压裂液滤失量与时间平方根关系曲线

滤失量与时间平方根关系在直角坐标图上呈线性关系，该直线段延长与Y轴相交，得出时间为零时的截距h，该直线段的斜率为m。当截距小于0时，用9min以后的数据重新回归。受滤饼控制的滤失系数C_3、滤失速度V_c和初滤失量Q_{sp}计算如下：

$$C_3 = 0.005 \times \frac{m}{A} \qquad (4-2)$$

$$V_c = \frac{C_3}{\sqrt{t}} \qquad (4-3)$$

$$Q_{sp} = \frac{h}{A} \qquad (4-4)$$

式中　m——滤失曲线的斜率，$mL\big/\sqrt{min}$；

　　　　A——滤失面积，cm^2；

　　　　C_3——滤饼控制滤失系数，$m\big/\sqrt{min}$；

　　　　V_c——滤失速度，m/min；

　　　　h——滤失曲线直线段与Y轴的截距，cm^3；

　　　　Q_{sp}——初滤失量，m^3/m^2；

　　　　t——滤失时间，min。

9. 岩心基质渗透率伤害率测定

按下列步骤准备岩心和流动介质，进行岩心基质渗透率伤害率测定。

（1）流动介质选用原则：流动介质为地层水、模拟地层水、煤油和氮气。对油井用煤油作流动介质；对注水井用地层水、模拟地层水或标准盐水作流动介质；对气井用氮气作流动介质。

（2）标准盐水配制：按组成成分和浓度要求（2.0% KCl+5.5% NaCl+0.45% $MgCl_2$+0.55% $CaCl_2$）准确称取所需 KCl、NaCl、$MgCl_2$、$CaCl_2$ 加入到所需计量的蒸馏水中，可适当加热，不断搅拌，直到全部溶解。

将配制好的标准盐水用 ϕ100G4# 玻璃过滤漏斗过滤，再用真空泵脱气 1h。

（3）煤油处理：将普通煤油用硅粉或活性白土处理，除去煤油中的水分及杂质，再用 ϕ100G5# 玻璃过滤漏斗过滤，还需用真空泵脱气 1h。

（4）岩心选取：最好使用待压裂地层中取得的天然岩心，如果没有，也可以使用与待压裂地层渗透率、孔隙度、岩性相似的其他地层或露头岩心，或与上述岩性相似的人造岩心进行试验。

天然岩心应从与油层流体流动方向相同的方向钻取圆柱体，两端面磨平，并与光滑的圆柱面相垂直。岩心直径为 25～25.4mm 或 37～38mm，岩心长度为直径的 1～1.5 倍。所选取岩心必须经彻底洗油且已知其气测渗透率。

（5）岩心抽空饱和及孔隙体积测定：将取得的已知气体渗透率并彻底洗油的岩心烘干并恒重，放入真空干燥器中，用真空泵抽空脱气，当真空度低于 133.0Pa 时抽空 2～8h，对于渗透率特别低的岩心，需适当延长抽空时间。

缓慢引入已过滤抽空脱气的流动介质到真空干燥器中，岩心逐步被介质饱和，直到岩心完全浸入流动介质中，再继续抽空 1h，使岩心饱和度尽量增高。停止抽空后，使真空干燥器缓慢与大气相通，在岩心恢复到大气压力状况后至少浸泡 1h。

将岩心取出，用滤纸迅速擦去岩心表面的液体并称重，岩心的孔隙体积等于岩心饱和液体后质量与饱和前质量之差除以饱和液体密度。

(6) 压裂液滤液的制取：按压裂液静态滤失测定方法，使滤失时间增加，收集全部压裂液滤液。

(7) 测伤害前岩心渗透率 K_1：按流程图（图4-9）接好管线，并全面试压检查一遍流程是否漏失，阀门开、关是否正确无误。将抽空饱和后岩心放入岩心流动试验装置夹持器中。流程排气，使液体充满管线至岩心出口端，加围压。

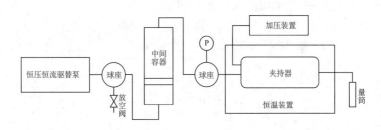

图4-9 岩心实验流程

使流动介质从岩心夹持器反向挤入岩心进行驱替，流动介质的流速应低于临界流速，直至流量及压差稳定，稳定时间不少于60min。注水井的流动介质应从岩心夹持器正向端入口进入岩心。用小量筒准确计量从岩心中流出的液体，记录下压力、流量值，计算出此时的岩心渗透率 K_1。

(8) 将压裂液滤液挤入岩心模拟伤害过程：将压裂液滤液装入高压容器中，用压力源加压，使滤液正向进入岩心。当滤液开始流出时，记录时间、滤液的累计滤失量，精确到0.1mL。测定时间为36min，挤完后，关闭夹持器两端阀门，使滤液在岩心中停留2h。试验温度为压裂液适用温度。

(9) 测伤害后煤油通过岩心渗透率 K_2：按测 K_1 的方法测定岩心受到压裂液滤液伤害后的煤油渗透率 K_2，要求驱替流动介质的量为孔隙体积的10倍。

岩心渗透率计算：

$$K = \frac{Q \times \mu \times L}{\Delta p \times A} \times 10^2 \qquad (4-5)$$

式中　K —— 煤油或盐水通过岩心渗透率，$10^{-3}\ \mu m^2$；

　　　Q —— 煤油或盐水通过岩心的体积流量，mL/s；

　　　L —— 岩心轴向长度，cm；

　　　A —— 岩心横截面积，cm^2；

　　　μ —— 煤油或盐水黏度，mPa·s；

　　　Δp —— 岩心上、下流的压力差，MPa。

基质渗透率伤害率计算：

$$\eta_d = \frac{K_1 - K_2}{K_1} \times 100\% \qquad (4-6)$$

式中　η_d —— 渗透率伤害率，%；

　　　K_1 —— 岩心挤压裂液滤液前的基质渗透率，μm^2；

　　　K_2 —— 岩心挤压裂液滤液伤害后的渗透率，μm^2。

（10）压裂液破胶性能测定：配100mL压裂液装入密闭容器内，在恒温器中加热恒温，恒温温度为油层中部温度，破胶时间为配方提供时间或施工工艺设计要求时间，如没有明确要求，破胶时间定为12h。

压裂液破胶后，取上层清液用毛细管黏度计测其黏度，测定温度分别选取储层温度、30℃或等于井口出油温度进行。储层温度高于100℃时，测定破胶液的温度选用95℃。

用表面张力仪测破胶液表面张力及与煤油的界面张力。

（11）压裂液残渣含量测定：称取配好的冻胶压裂液50g，视其密度为1g/cm³，认为是50mL，装入密闭容器加热恒温破胶，恒温温度为油层温度，恒温时间为压裂液彻底破胶时间，使压裂液彻底破胶。

将破胶液全部倒入已烘干恒重的离心管中，将离心管放入离心机内，在 3000 ± 150 r/min 的转速下离心 30min，然后慢慢倾倒出上层清液，再用水 50mL 洗涤破胶容器后倒入离心管中，用玻璃棒搅拌洗涤残渣样品，再放入离心机中离心 20min，倾倒上层清液，将离心管放入电热恒温干燥箱中烘烤，在 $105℃ \pm 1℃$ 条件下烘干到恒重。

压裂液残渣含量计算：

$$\eta_3 = \frac{m_3}{V} \tag{4-7}$$

式中　η_3—— 压裂液残渣含量，mg/L；

　　　m_3—— 残渣质量，mg；

　　　V—— 压裂液用量，L。

（12）破乳率测定：将地层原油和压裂液破胶液分别按 3:1、3:2、1:1 体积比混合，装入容器置于破乳率仪水浴中，水浴温度为地层中部温度，地层中部温度大于 $100℃$ 都用 $95℃$，达恒温后将混合液放入吴茵混调器，调节转速至液体形成的旋涡可见到搅拌器桨叶中轴顶端为止。恒速搅拌 10min，将混合液分别倒入 3 个比色管，记录实际乳状液体积。

将装有乳化液的量筒放入恒温器中恒温，记录时间为 3min、5min、10min、15min、30min、60min，及 2h、4h、10h、24h 分离出的破胶液体积。

乳化率和破乳率计算：

$$\eta_4 = \frac{V_1}{V} \times 100\% \tag{4-8}$$

$$\eta_5 = \frac{V_2}{V_1} \times 100\% \tag{4-9}$$

式中　η_4—— 原油与破胶液的乳化率，%；

η_5 —— 原油与破胶液乳化液的破乳率，%；

V —— 用于乳化的破胶液总体积，mL；

V_1 —— V中被乳化破胶液体积，mL；

V_2 —— V_1中脱出破胶液体积，mL。

（13）与地层水配伍性观察：取破胶液与地层水按1:2、1:1、2:1体积比混合，总液量200mL，观察是否产生沉淀。

五、检验结果评价

压裂液检验结果按SY/T 6376—2008《压裂液通用技术条件》进行判定，检验项目及评价指标参见表4-1。

表4-1 压裂液主要评价指标

序号	项目、参数		参数的评价指标			
			水基压裂液	油基压裂液	乳化压裂液	黏弹性表面活性剂压裂液
1	基液表观黏度 mPa·s	20℃≤T<60℃	10~40	20~50	20~40	—
		60℃≤T<120℃	20~80	30~80	30~60	—
		120℃≤T<180℃	30~100	40~120	40~120	—
2	交联时间，s	20℃≤T<60℃	15~60			
		60℃≤T<120℃	30~120			
		120℃≤T<180℃	60~300			
3	表观黏度，mPa·s		≥50			≥20
4	黏弹性	储能模量，Pa	≥1.5	≥1.0	≥1.0	≥2.0
		耗能模量，Pa	≥0.3	≥0.3	≥0.3	≥0.3
5	静态滤失性	静滤失系数 m/$\sqrt{\text{min}}$	≤1.0×10^{-3}	≤6.0×10^{-3}	≤6.0×10^{-4}	—
		初滤失量 m³/m²	≤5.0×10^{-2}	≤5.0×10^{-2}	≤1.0×10^{-3}	—
		滤失速率 m/min	≤1.5×10^{-4}	≤1.0×10^{-3}	≤1.0×10^{-4}	—

序号	项目、参数		参数的评价指标			
			水基压裂液	油基压裂液	乳化压裂液	黏弹性表面活性剂压裂液
6	岩心基质渗透率伤害率，%		≤30	≤25	≤30	≤20
7	破胶性能	破胶时间 min	≤720			
		破胶液黏度 mPa·s	≤5.0			
		破胶液表面张力 mN/m	≤28.0	—	≤28.0	—
		破胶液与煤油界面张力 mN/m	≤2.0	—	≤2.0	—
8	残渣含量，mg/L		≤600		≤550	≤100
9	破乳率，%		≥95		≥98	
10	压裂液滤液与地层水配伍性		无沉淀，无絮凝	—	无沉淀，无絮凝	

六、压裂液不合格的危害

1.基液黏度不合格

基液黏度不合格影响压裂液的成胶黏度，造成冻胶耐温耐剪切能力下降，影响压裂液悬砂效果。此外，压裂液的黏度对压裂液的滤失造壁性能也有较大影响，压裂液黏度越低，造壁性能越差，压裂液通过滤饼孔隙和地层孔道的流动阻力越小，这会造成压裂液大量漏失，严重影响裂缝的形成及延伸。

2.耐温耐剪切能力不合格

压裂液的主要作用是携带悬浮支撑剂进入压开的地层裂缝，并能够起到延伸裂缝的作用。压裂液随注入深度的增加温度逐渐升高，另外在注入地层的过程中压裂液会受到一定的剪切降解作用。当压裂液的耐温耐剪切能力不能达到要求时，压裂液黏度迅速下降，不能起到携带、悬浮支撑剂的作用，支撑剂进入地层裂缝后很快沉降造成砂堵，致使后面的填砂裂缝不起作用，降低压裂效果，甚至造成施工失败。

3. 破胶液黏度不合格

当压裂液完成造缝和携砂，形成永久性的填砂裂缝的使命后，必须迅速破胶降黏，变成近似清水的破胶水化液从地层中返排出来。减少破胶水化液在地层里的停留时间和残渣量，也就减少了储层及填砂裂缝渗透率的伤害。

压裂液破胶水化液的黏度越低，对地层伤害越小。水化液黏度较高时，返排过程中残液通过裂缝孔道的阻力增大，排液速度和排液量小，增加滞留时间，从而对地层造成较大伤害。另外，如果压裂液不能完全破胶，将会在支撑裂缝中形成大量残胶，严重影响支撑裂缝的导流能力。

4. 破胶液表界面张力不合格

压裂液体系及破胶水化液的界面张力性质对地层，特别是低渗透储层影响很大。界面张力越低，越有利于克服水锁及贾敏效应，减小毛细管阻力，增加残液的返排能力。同时，体系的界面张力性质也要影响乳化液的形成与破坏。表界面张力不合格会降低压裂液返排效果。

5. 压裂液残渣含量不合格

压裂液残渣是压裂液破胶后不溶于水的固体微粒，其来源主要是植物胶稠化剂的水不溶物和其他添加剂的杂质。残渣对压裂效果的影响存在双重性：一是形成滤饼，可降低压裂液滤失，提高了压裂液效率，减轻了滤液对地层伤害，并阻止大颗粒残渣继续进入储层内；二是较小颗粒残渣穿过滤饼随压裂液一起进入储层深部，造成捕集堵塞，降低储层渗透率，缝壁上的残渣，随压裂液的注入可能沿支撑缝移动，压裂结束后，这些残渣返流堵塞填砂裂缝，降低裂缝导流能力。残渣含量越大，伤害越严重。

第二节　压裂液常用添加剂

一、概述

压裂液添加剂多达数十种，主要有稠化剂、交联剂、破胶剂、助排剂、黏土稳定剂等。

1. 稠化剂

稠化剂是压裂液的基本添加剂，其作用是提高水的黏度，降低液体滤失，悬浮和携带支撑剂。通过与交联剂的交联作用，形成高分子网架结构的高黏弹冻胶，使其达到悬浮支撑剂和高裂缝黏度的要求。

国内外最常使用的水基压裂液稠化剂大致可分为以下几种类型：植物胶及其衍生物、纤维素衍生物（如羧甲基纤维素、羟乙基纤维素等）、生物聚合物（如黄原胶）、合成聚合物（如聚丙烯酰胺）。国内油田使用的稠化剂以天然植物胶及其改性产品为主，其中以瓜尔胶和羟丙基瓜尔胶使用最为广泛。

2. 交联剂

交联剂是决定压裂液黏度性质的主要因素之一。交联剂与稠化剂产生交联反应，使体系进一步增稠形成冻胶，成为典型的黏弹流体，黏弹性能的好坏直接影响压裂液的造缝能力，与形成的裂缝长度密切相关。交联剂对体系的成胶速度，热稳定性和剪切稳定性以及对地层及填砂裂缝的渗透率都有较大影响。对应于常用的压裂液稠化剂，比较常用且形成工业化的交联剂有硼砂、有机钛、有机锆、有机硼等。

3. 破胶剂

压裂液破胶剂的主要作用是使压裂液中的冻胶发生化学降解，由大分子变成小分子，有利于压后返排，减少对储层伤害。常用的破胶剂包括酶、氧化剂和酸。目前常用的破胶剂是过硫酸盐，如过硫酸钾、过硫酸铵等。

4. 助排剂

在压裂施工过程中，向地层中注入压裂液，压裂液中的水相沿裂缝渗滤入地层，改变了地层中原始含油饱和度，并产生两相流动，流动阻力加大。毛细管力的作用致使流体阻力增加，压裂后返排困难。如果地层压力不能克服升高的毛细管力，则会出现严重和持久的水锁。

加入助排剂可以减小破胶液的界面张力，降低压裂液返排阻力，尤其在低渗透地层压裂时，降低压裂液表、界面张力，对减小储层伤害，改善增产作业效果起到至关重要的作用。

5. 黏土稳定剂

在含有黏土矿物的地层使用水基压裂液进行压裂时，由于水相与黏土矿物接触，可能使地层岩石表面性质发生变化。在施工中，压裂液以小分子水溶性滤液进入孔隙，对储层黏土矿物的伤害通常是水敏性与碱敏性叠加作用的结果。水溶性介质对储层黏土矿物潜在膨胀、分散和运移；同时，由于水基压裂液以碱性交联为主，滤液存在较强的碱性，对黏土的分散、运移有很大的影响。如果不采取稳定黏土的措施，将会导致储层渗透率不可逆转的下降。

常用的黏土稳定剂有无机盐类黏土稳定剂、阳离子活性剂类黏土稳定剂、有机聚合物类黏土稳定剂等。

6. 其他添加剂

除上述主要添加剂外，水基压裂液的添加剂还有pH调节剂、破乳剂、杀菌剂、起泡剂、消泡剂、分散剂和滤饼溶解剂等等，大多采用常规的技术成熟的化学剂。

本书中主要介绍稠化剂（以植物胶为主）、交联剂、助排剂、黏土稳定剂的检验方法。

二、压裂用植物胶检验

1. 依据主要标准

压裂用植物胶检验主要依据石油行业标准 SY/T 5764—2007《压裂用植物胶通用技术要求》，主要检验含水率、水不溶物、表观黏度、交联性能等10项参数。

2．检验主要仪器设备

黏度计：六速旋转黏度计或同类产品；

混调器：吴茵混调器或同类产品；

离心机：0～4000r/min；

水分分析仪：快速水分测定仪或同类产品，精度0.01g。

3．检验程序

(1) 外观测定：目测观察胶粉的颜色及有无结块。

(2) 含水率测定：称取5g(精确至0.001g)胶粉，平铺在红外线水分分析仪称量盘中，合上烘干室盖子，在105℃烘干30min。10min内读数变动幅度小于0.2%时，读取含水率结果。

(3) 筛余量测定：按产品技术要求，将标准筛和筛底从上到下安装在振筛机上，称取10g(精确至0.01g)胶粉倒在标准筛中，盖上盖子并压紧，振筛10min。振筛完成后，取下标准筛，准确称量筛上胶粉的质量(精确至0.01g)。

筛余量计算：

$$C_n = \frac{m_1}{10} \times 100\% \qquad (4-10)$$

式中　C_n——胶粉筛余量(下标 n 为1，2或3)，%；

　　　m_1——未通过标准筛的胶粉质量，g。

(4) 表观黏度测定：量取500mL蒸馏水放入混调器中，按标准要求浓度称取一定质量的胶粉(扣除水分后的净质量)，瓜尔胶和羟丙基瓜尔胶粉称取3.00g，香豆胶和田菁胶称取5.00g，在混调器低速搅拌时，将胶粉缓慢加入，调节转速使混调器高速搅拌5min，将溶液倒入烧杯中加盖，放入恒温30℃的水浴中恒温4h。

按本章第一节中压裂液表观黏度测定方法测定胶粉溶液的表观黏度。

(5) 水不溶物含量测定：按测定黏度时溶液配制方法，称取胶粉2g，加入500mL蒸馏水中，配制成溶液。准确称取配制好的溶液50.20g，置于已烘干恒重的离心管中，将离心管放入离心机内，在3000r/min的转速下离心30min，然后慢慢倾倒出上层清液，再加蒸馏水至50mL，用玻璃棒搅拌洗涤，再放入离心机中离心20min，倾倒上层清液，将离心管放入烘箱中烘烤，在105℃±1℃条件下烘干到恒重。

水不溶物含量计算：

$$\eta = \frac{m - m_1}{0.20 \times (1 - W)} \times 100\% \qquad (4-11)$$

式中　η —— 胶粉水不溶物含量，%；

　　　m —— 水不溶物和离心瓶总质量，g；

　　　m_1 —— 离心瓶质量，g；

　　　W —— 胶粉的含水率，%；

　　　0.20 —— 溶胶中胶粉的质量，g。

（6）交联性能测定：称取0.5g硼砂，加入盛有100mL蒸馏水的烧杯中，用玻璃棒搅拌至全部溶解，该交联液现用现配。

量取测定表观黏度时配好的溶液100mL置于烧杯中，用玻璃棒搅拌，同时加入配好的交联液10mL，搅拌均匀，用玻璃挑挂，观察判断胶粉溶液的交联性能。

（7）pH值测定：取测定表观黏度时配制的溶液，用精密pH试纸测定。

（8）流动性测定：用柱状物堵住三角过滤漏斗上端出口，将100g±5g胶粉自然放入漏斗，瞬间去除端口封堵，观察判断胶粉的流动性。

流动性分为3个等级，分别是"好"（不靠外力能自然流出）、"一般"（经敲打在3min内能自然流出）、"差"（经敲打不能流出或勉强流出但时间超过3min）。

4. 检验结果评价

按照SY/T 5764—2007《压裂用植物胶通用技术要求》规定，检验项目及评价指标见表4-2、表4-3、表4-4、表4-5。

表4-2 压裂用羟丙基瓜尔胶评价指标

序号	项目	评价指标	
		一级品	二级品
1	外观	淡黄色粉末	
2	$\phi 200 \times 50-0.125/0.09$ 筛余量 C_1(质量分数)，%	$\leqslant 1$	
3	$\phi 200 \times 50-0.071/0.05$ 筛余量 C_2 (质量分数)，%	$\leqslant 10$	$\leqslant 20$
4	含水率 W(质量分数)，%	$\leqslant 10.0$	
5	pH值	$6.5 \sim 7.5$	
6	表观黏度 μ(30℃，$170s^{-1}$，0.6%)，mPa·s	$\geqslant 110$	$\geqslant 105$
7	水不溶物 η(质量分数)，%	$\leqslant 4.0$	$\leqslant 8.0$
8	交联性能	能用玻璃棒挑挂	
9	流动性	好	一般

表4-3 压裂用瓜尔胶评价指标

序号	项目	评价指标	
		一级品	二级品
1	外观	白色粉末	
2	$\phi 200 \times 50-0.125/0.09$ 筛余量 C_1(质量分数)，%	$\leqslant 1$	
3	$\phi 200 \times 50-0.071/0.05$ 筛余量 C_2(质量分数)，%	$\leqslant 10$	$\leqslant 20$
4	含水率 W(质量分数)，%	$\leqslant 10.0$	
5	pH值	$6.5 \sim 7.0$	
6	表观黏度 μ(30℃，$170s^{-1}$，0.6%)，mPa·s	$\geqslant 110$	
7	水不溶物 η(质量分数)，%	$\leqslant 16.0$	$\leqslant 20.0$
8	交联性能	能用玻璃棒挑挂	
9	流动性	一般	

表4-4 压裂用香豆胶评价指标

序号	项 目	评价指标		
		特级品	一级品	二级品
1	外观	淡黄色粉末		
2	$\phi 200 \times 50-0.125/0.09$ 筛余量 C_1(质量分数)，%	≤1		
3	$\phi 200 \times 50-0.071/0.05$ 筛余量 C_2(质量分数)，%	≤15	—	—
4	$\phi 200 \times 50-0.090/0.063$ 筛余量 C_3(质量分数)，%	—	≤10	≤20
5	含水率 W(质量分数)，%	≤5.0	≤8.0	≤10.0
6	pH值	6.5～7.5		
7	表观黏度 μ(30℃，170s^{-1}，1.0%)，mPa·s	≥220	≥180	≥160
8	水不溶物 η(质量分数)，%	≤6.0	≤10.0	≤12.0
9	交联性能	能用玻璃棒挑挂		

表4-5 压裂用田菁胶评价指标

序号	项 目	评价指标	
		一级品	二级品
1	外观	淡黄色粉末	
2	$\phi 200 \times 50-0.125/0.09$ 筛余量 C_1(质量分数)，%	≤3	≤7
3	含水率 W(质量分数)，%	≤8.0	
4	pH值	6.0～7.0	
5	表观黏度 μ(30℃，170s^{-1}，1.0%)，mPa·s	≥150	≥90
6	水不溶物 η(质量分数)，%	≤25.0	≤30.0
7	交联性能	能用玻璃棒挑挂	

5. 压裂用植物胶不合格的危害

（1）表观黏度：植物胶溶液的表观黏度符合标准要求，是压裂液冻胶达到悬浮支撑剂和高裂缝黏度的要求的基本保证。表观黏度不合格说明植物胶增黏能力差，达到黏度要求所需的浓度大，从而造成破胶负荷增大，残渣含量增高，配液成本加大。

（2）水不溶物：植物胶水溶性及不溶杂质含量对压裂液破胶后的残渣率影响较大，当压裂完成，压裂液破胶后，植物胶中的不溶杂质都将变为残渣，容易在填砂裂缝中沉淀，造成二次伤害，使填砂裂缝的导流能力降低。

（3）交联性能：植物胶溶液通过与交联剂的交联作用，形成高分子网架结构的高黏弹冻胶，使其达到悬浮支撑剂和高裂缝黏度的要求。交联性能差会降低压裂液的悬浮和造缝能力，严重时会造成施工失败。

（4）流动性：植物胶流动性不合格会造成配液时胶粉分散溶解速度慢，在溶液中形成胶团或鱼眼，造成压裂液不均匀，黏度达不到要求，胶团难以破胶。

（5）筛余量：植物胶筛余量不合格会导致水溶性差，压裂液残渣含量增大，使填砂裂缝的导流能力降低。

（6）含水率：含水率不合格会造成压裂液有效浓度降低，黏度达不到要求，同时含水率过高不利于储存。

因此，选择水化性能好，增稠能力强，不溶物含量低，且易于与多种交联剂交联成冻胶的植物胶是保证压裂液理想性能和压裂效果的先决条件。

三、压裂用交联剂检验

1. 依据主要标准

压裂用交联剂检验依据SY/T 6216—1996《压裂用交联剂性能试验方法》，共检测6项指标：外观、密度、pH值、交联时间、耐温能力、破胶能力。

2．检验主要仪器设备

数显pH计：pH范围0~14.0，精度±0.2。

高速混调器：吴茵混调器或同类产品。

流变仪：带密闭系统的控制应力流变仪或同类产品。

数显密度计：量程0.8~1.5g/cm^3，精度±0.001g/cm^3。

3．检验程序

（1）外观测定：对于液体交联剂，在比色管中加入20~25mL液体样品，观察其颜色、有无分层和沉淀；对于固体交联剂，目测其颜色、有无结块。

（2）液体交联剂密度测定：用密度计测量液体交联剂密度。以SM-1型数显密度计为例，按以下方法进行测定：用量筒取被测样品400mL置于500mL的清洁烧杯中，将密度计支架调整到合适高度，安装并固定传感器，将传感器信号线插头插入，将浮子吊挂在传感器力环上，将温度传感器探头插入被测液体中。打开开关，待数秒钟后，按"清零"键，显示"000.0"，即可测量。

将装入样品烧杯放在支架上，调节手柄将浮子完全浸入被测液体中，并使密度计浮子不贴壁，待密度计读数稳定后，显示屏稳定的示值即为被测液体密度值。记录温度及密度值。

测定完毕后，上抬手柄，将被测液体取走，清洗并擦干浮子，关闭"开关"键。

（3）pH值测定：对于液体交联剂，直接用pH试纸或pH计测定基液pH值；对于固体交联剂，用电子天平称取1.0g交联剂，按所需浓度溶于水中，待其完全溶解后，用pH试纸或pH计测定基液pH值。

pH计使用方法：用量筒量取150mL待测液体，倒入烧杯中。将校正合格的酸度计的pH电极，首先用蒸馏水冲洗，然后用交联剂溶液冲洗。将冲洗后的电极插入到盛有150mL待测溶液的烧杯中，待仪器显示器稳定时，记录pH值。

（4）交联时间的测定：在高速混调器的搅拌杯中加入500mL水，使其在低速下搅拌。用电子天平称取3.5g稠化剂，缓慢加入搅拌杯中，在转速6000±200r/min下搅拌3.0min。加入适量pH值调节剂（Na_2CO_3、$NaHCO_3$或NaOH，数量由满足最佳pH值而定），继续在高速下搅拌7.0min，形成均匀的溶液，倒入烧杯中加盖，放入恒温30℃水浴中静置4h，使基液趋于稳定。

取制备好的基液400mL倒入混调器的搅拌杯中，调节转速至液体形成的旋涡底见到搅拌器顶端为止。按配比要求量取一定交联剂水溶液，倒入持续搅拌的混调器的搅拌杯中，用秒表记录从交联剂倒入直到漩涡消失，液面微微突起所需的时间。

（5）耐温能力的测定：按第一节中压裂液耐温能力测定方法执行。

（6）破胶能力的测定：制备基液时加入破胶剂（质量分数为0.01%），并按交联比制备冻胶。取压裂液冻胶50mL，装入广口瓶（或密闭容器）里，放入模拟储层温度的恒温水浴（或恒温干燥箱）中恒温。当破胶时间达8h，取破胶液上层清液，用毛细管黏度计测定30℃时的破胶液黏度。以破胶液黏度表征破胶能力。

4．检验结果评价

根据实际情况按照相关地方或企业标准执行。

5．压裂用交联剂不合格的危害

（1）交联时间：交联时间过快，在现场的施工中，压裂液还没有注入地层，在管柱中就交联了，增大了摩阻，同时使压裂液受到高速剪切而使黏度下降；交联时间过长，压裂液黏度达不到要求，会造成悬砂、造缝能力下降。

（2）耐温能力：压裂液耐温能力差，在压裂层位深时，储层温度高，会导致压裂液没到达或刚到达压裂层就会破胶，不能完成造缝、携砂的使命。

（3）破胶能力：压裂液破胶能力差，会造成破胶液黏度大，返排困难，甚至堵塞地层和填砂裂缝，影响地层渗透率。

四、压裂用助排剂检验

1. 依据主要标准

压裂用助排剂检验依据SY/T 5755—1995《压裂酸化用助排剂性能评价方法》，主要包括外观、pH值、密度、水溶性、表界面张力、热稳定性、配伍性、助排率8项性能的检验。

2. 检验主要仪器设备

高速混调器：吴茵混调器或同类产品；

流变仪：带密闭系统的控制应力流变仪或同类产品；

表面张力仪：表面张力0～100mN/m，分辨力0.1 mN/m。

3. 检验程序

（1）外观测定：在比色管中加入20～25mL助排剂样品，摇均后观察有无浑浊及沉淀。

（2）pH值测定：按照本节中交联剂pH值测定方法执行。

（3）密度测定：按照本节中交联剂密度测定方法执行。

（4）水溶性测定：用移液管吸取1mL助排剂样品置于装有100mL蒸馏水的烧杯中，搅拌1min，目测有无浑浊及沉淀。

（5）表界面张力测定：按使用浓度配制助排剂水溶液，用表面张力仪测其表界面张力。

（6）热稳定性能测定：按使用浓度配制助排剂水溶液600mL置于烧杯中，搅拌均匀，备用。检查耐温耐压容器，将备好的试样装入其中，至溢出为止，上紧螺纹，保证密封，放于烘箱中调至试验要求的温度，恒温6h后，取出冷却至室温。将冷却后的耐温耐压容器打开，把其中的水溶液倒入烧杯中，测其表界面张力。

以比较加热前后助排剂样品的表面张力 σ_{w_1}、σ_{w_2} 和界面张力 σ_{0w_1}、σ_{0w_2} 的改变量 $|\Delta\sigma_w|$ 表征助排剂的热稳定性。

$$|\Delta\sigma_w| = |\Delta\sigma_{w_1} - \Delta\sigma_{w_2}|, \quad |\Delta\sigma_{0w}|$$
$$= |\Delta\sigma_{0w_1} - \Delta\sigma_{0w_2}|$$

（7）对压裂液黏度的影响：按压裂液配方制备1000mL基

液，将其均分二份，其中一份为空白对比样，另一份加入实验所需浓度的助排剂，再配制实验所需要的交联剂，按实验要求的交联比将两份基液交联成冻胶。

用流变仪分别测定上述两份冻胶样品的黏度，测试条件为80℃，$170s^{-1}$下恒温30min。

（8）与压裂液其他添加剂的配伍性：按压裂液配方制备1000mL基液，配制是按试验浓度加入除助排剂以为的其他添加剂，然后将其均分二份，其中一份为空白对比样，另一份加入试验所需浓度的助排剂，按实验要求的交联比配制成冻胶。

将上述冻胶置于80~90℃的水浴中恒温24h，观察其破胶情况。结果表述为"彻底"，"较彻底"，"不彻底"。

4．检验结果评价

根据实际情况按照相关地方或企业标准执行。以大庆油田为例，检验结果参照Q/SY1376—2011《酸化压裂助排剂技术要求》进行评价，检验项目及评价指标见表4-6。

表4-6　压裂用助排剂评价指标

序号	检验项目		评价指标
1	外观		无变色、无分层、无沉淀
2	pH值		6.0~8.0
3	密度，g/cm^3		0.950~1.080
4	水溶性		无变色、无分层、无沉淀
5	表界面张力	0.3%助排剂水溶液表面张力，mN/m	≤23.00
		0.3%助排剂水溶液界面张力，mN/m	≤2.00
6	热稳定性	表面张力改变量，mN/m	≤1.50
		界面张力改变量，mN/m	≤1.50
7	配伍性	对压裂液黏度的影响率，%	≤15.00
		与压裂液其他添加剂的配伍性	无变色、无分层、无沉淀
8	助排率，%		≥35.00

5. 压裂用助排剂不合格的危害

（1）水溶性：助排剂水溶性差会造成有效浓度低，表界面张力达不到要求，另外还会造成压裂液残渣含量增大。

（2）表界面张力：压裂液体系及破胶水化液的界面张力对地层，特别是低渗透储层影响甚大。界面张力愈低，愈有利于克服水锁及贾敏效应，降低毛细管阻力，增加残液的返排能力。同时，体系的界面张力性质也要影响乳化液的形成与破坏。通常在压裂液中加入助排剂就是通过降低体系的界面张力来起助排作用的。如果表界面张力不合格，会造成压裂液返排和破乳困难。

（3）热稳定性：压裂液进入地层后温度会升高，如果助排剂热稳定性差，会造成破胶液表界面张力增大，影响返排效果。

（4）对压裂液黏度的影响及与其他添加剂的配伍性：助排剂应与压裂液各种组分配伍性良好，不应引起压裂液主要性能的较大变化。助排剂对压裂液黏度影响过大会影响压裂液的悬砂造缝性能；与其他添加剂配伍性差会造成破胶不彻底或引起絮凝，降低压裂液综合性能，从而影响压裂施工效果或对地层造成较大伤害。

五、压裂用黏土稳定剂检验

1. 依据主要标准

压裂用黏土稳定剂检验依据 SY/T 5762—1995《压裂酸化用黏土稳定剂性能测定方法》，主要包括黏土稳定剂外观、溶解性、配伍性、泥岩损失率、防膨率、对岩心的伤害率等6项性能参数的检验。

2. 检验主要仪器设备

页岩膨胀仪：NP-01型或同类产品，精度0.01mm；

岩心流动试验装置。

3. 检验程序

（1）外观测定：对于固体样品，在非直射自然光线下目测，观察并记录样品有无杂质，颗粒是否均匀；对于液体样品，将其少量样品倒入比色管中，在白色背景下目测，观察并记录样品是否均匀，有无悬浮、分层、沉淀、混浊现象。

（2）水溶性测定：按使用浓度配制黏土稳定剂水溶液100mL（如无明确要求，使用浓度为2%），充分摇匀后倒入比色管中，静止待所有气泡消失后，观察并记录溶液中有无悬浮、分层、沉淀、混浊等现象。

（3）对压裂液表观黏度的影响：按照本章第一节所述方法配制压裂液基液500mL，等分二份，一份为空白样，另一份中加入试验浓度的黏土稳定剂，搅拌至充分溶解。

按试验要求配制交联液，与上述二份压裂液基液按试验要求交联比配制成压裂液冻胶。

按照第一节中压裂液耐温耐剪切能力测定方法，用流变仪测定上述二份压裂液冻胶的表观黏度。

（4）与压裂液其他添加剂的配伍性：按照第一节所述方法配制压裂液基液（不加其他添加剂），然后配制好交联液，并按试验比例配制成冻胶。

将上述冻胶按照第一节中所述方法进行彻底破胶后，离心，收集破胶水化液。

在水化液中按照试验浓度加入除黏土稳定剂以外的其他添加剂，将其均分为两份，一份为空白样，另一份中加入试验浓度的黏土稳定剂。将上述两份溶液置于80～90℃水浴中放置24h，观察加入黏土稳定剂的样品中有无沉淀、浑浊等现象。

（5）泥岩损失率测定：将含有一定黏土矿物的岩心浸泡于水和黏土稳定剂溶液中时会发生散失现象，通过测定散失量的大小（即损失率），即可定性评价黏土稳定剂的好坏。

选择组成满足表4-7条件的泥岩，粉碎成颗粒，经过筛孔基本尺寸为3.15mm，1.40mm，直径40mm的方孔试验筛筛分，在105℃±1℃下烘4h后备用。

表4-7 泥岩组成

全岩矿物组成，%		黏土矿物相对含量，%	
黏土	石英等	蒙脱石、伊利石、高岭石	其他
20～50	50～80	30～50	50～70

将直径40mm、筛孔基本尺寸为0.5mm的试验筛放入电热恒温干燥箱内，于105℃±1℃下放置3h，取出放入干燥器内冷却30min，称量为G_0。

称取1.0～1.1g泥岩颗粒（精确至0.001g）放入试验筛中，将它们放入含有黏土稳定剂的压裂液破胶水化液中，常温浸泡1h，用镊子夹住筛子进行筛洗，然后于105℃±1℃下干燥3h，取出后再筛分一次，放入电热恒温干燥箱内干燥1h，取出置于干燥器内冷却30min，称量为G_2。

损失率计算：

$$D_X = \left(1 - \frac{G_2 - G_0}{G_1 - G_0}\right) \times 100\% \qquad (4-12)$$

式中 D_X——损失率，%；

G_0——试验筛质量，g；

G_1——浸泡前泥岩颗粒与试验筛质量之和，g；

G_2——浸泡后泥岩颗粒与试验筛质量之和，g。

平行试验偏差不大于3%。

（6）防膨率测定：通过测定岩心粉在黏土稳定剂溶液和水中的线膨胀增量评价防膨率。

在页岩膨胀测试仪测筒的底盖内垫一层滤纸，旋紧测筒的底盖。称取5.00g岩心粉，精确至0.01g，装入测筒内，将岩心粉展平。装好塞杆的密封圈，将塞杆插入测筒内，置于压力机上，均匀加压至所需压力，稳压10min，卸去压力，取下测筒备用。

将压制好岩心的测筒，安装在页岩膨胀测试仪主机上，调整传感器中心杆上的螺母，使数字显示为0.00。

调整记录仪测量信号电压值为2.0V（满量程相当于2mm），记录仪走纸速度调为3cm/h，调记录仪指针对准记录纸0线。

在试杯中加入100mL含有黏土稳定剂的压裂液破胶水化液，试杯中液面高度应高于岩心面5mm，启动记录仪，当膨胀曲线呈垂线时，记录岩心膨胀高度H_1。

用水代替破胶水化液重复上述过程，记录岩心膨胀高度H_2。

用煤油代替破胶水化液重复上述过程，记录岩心膨胀高度H_0。

防膨率计算：

$$B = \frac{H_2 - H_1}{H_2 - H_0} \times 100\% \qquad (4-13)$$

式中　B —— 防膨率，%；

　　　H_1 —— 岩心在破胶水化液中的膨胀高度，mm；

　　　H_2 —— 岩心在水中的膨胀高度，mm；

　　　H_0 —— 岩心在煤油中的膨胀高度，mm。

（7）岩心流动试验：通过岩心流动试验评价黏土稳定剂防止黏土膨胀和颗粒运移的综合性能。

① 岩心孔隙体积（V_p）的测定：将试验用岩心用二甲苯进行抽提后烘干，并称其质量m_1。用真空法饱和盐水后，称其质量m_2，精确至0.01g。

岩心孔隙体积按下式计算：

$$V_p = \frac{m_2 - m_1}{\rho} \qquad (4-14)$$

式中　V_p —— 岩心孔隙体积，cm^3；

　　　m_1 —— 岩心质量，g；

　　　m_2 —— 饱和盐水后岩心质量，g；

　　　ρ —— 盐水的密度，g/cm^3。

② 岩心渗透率伤害实验：先正向通盐水，待流速稳定后测定岩心原始渗透率K_0，再反向通$100V_p$处理液。正向通盐水，待流速稳定后测定岩心处理后的渗透率K。反向通蒸馏水（体积自定）。

岩心渗透率按公式 (4-5) 计算。

处理液对岩心渗透率的伤害计算：

$$D_K = \left[(K_0 - K)/K_0 \right] \times 100\% \qquad (4-15)$$

式中　D_K——渗透率变化率，%；

　　　K_0——原始渗透率，$10^{-3}\mu m^2$；

　　　K——处理后岩心的渗透率，$10^{-3}\mu m^2$。

4．检验结果评价

根据实际情况按照相关地方或企业标准执行。

5．压裂用黏土稳定剂不合格的危害

(1) 水溶性：黏土稳定剂水溶性差会造成有效浓度低，影响油层保护的效果，另外不溶物增多还会造成压裂液残渣含量增大。

(2) 对压裂液黏度的影响及与其他添加剂的配伍性：黏土稳定剂对黏度影响过大会影响压裂液的悬砂造缝性能；与其他添加剂配伍性差会造成破胶不彻底或引起絮凝，降低压裂液综合性能，从而影响压裂施工效果或对地层造成较大伤害。

(3) 泥岩损失率和防膨率：以水为基液的压裂液与储层的黏土矿物接触，产生水化膨胀、分散、剥落运移；溶蚀岩石的胶结物，产生岩石颗粒剥落运移和溶解矿物成分产生沉淀。泥岩损失率和防膨率不合格说明黏土稳定剂没有起到防止黏土颗粒水化膨胀、分散、剥落运移和防止压裂液对岩石的溶蚀作用，会造成岩石孔隙堵塞，使地层渗透率降低。

(4) 岩心渗透率伤害率：岩心渗透率伤害率直观地反映含有黏土稳定剂的工作液对储层的伤害程度，岩心渗透率伤害率不合格说明黏土稳定剂没有起到足够的防膨、防分散运移效果，工作液对储层伤害较大。

第三节　压裂支撑剂

一、概述

压裂施工中压裂支撑剂的基本作用为：一是在裂缝中铺置排列后形成支撑裂缝，从而在储集层中形成远远高于储集层渗透率的支撑裂缝带。二是使流体在支撑裂缝中有较高的流通性，减少流体的流动阻力，到达增产、增注的目的。

压裂支撑剂必须具备的性能要求：多元化的粒径组成，较高的圆球度，有长期的高导流能力和抗破碎性能，可以被液体携带等。

为了适用于各种不同地层以及不同井深压裂的需要，人们开发了许多种类的支撑剂，分为天然和人造两种，常用的为天然石英砂、树脂砂与陶粒。

二、压裂支撑剂检验依据主要标准

压裂支撑剂检验依据 SY/T 5108—2006《压裂支撑剂性能指标及测试推荐方法》。主要检验项目包括粒径范围、粒径均值、圆球度、酸溶解度、浊度、视密度、体积密度、破碎率、短期导流能力等。

三、检验主要仪器设备

拍击式标准筛振筛机：筛摇动次数 290 次/min，锤击次数 156 次/min，往复行程 25mm；

标准筛执行 GB/T 6003.1—2012《试验筛技术要求和检验第1部分：金属丝编织网试验筛》，试验标准筛：4750μm、3350μm、2360μm、2000μm、1700μm、1400μm、1180μm、1000μm、

850μm、710μm、600μm、500μm、425μm、355μm、300μm、250μm、212μm、180μm、150μm、125μm、106μm、75μm；

实体显微镜：大于40倍；

真空过滤设备：抽滤瓶、聚四氯乙烯漏斗、定量滤纸、真空泵；

散射式光电浊度仪：测量范围0~200FTU，最小分辨率0.01FTU，准确度±5%FS；

压力机：最大载荷800kN，示值误差±1%。

四、检验程序

压裂支撑剂检验项目包括：粒径范围、粒径均值、圆球度、酸溶解度、浊度、视密度、体积密度、破碎率，短期导流能力。这里重点介绍常用性能参数的检验方法。

支撑剂检测实验应使用分样器，将抽取的样品进行分样，以获得各项性能测试所需样品。

（1）粒径范围测定：用分样器取得大于100g的支撑剂样品，用天平称量出100g±0.1g支撑剂样品，按照表4-8给出的支撑剂粒径范围及相应的7个试验筛加一底盘从上至下称量并排放好，将各空筛和底盘的质量依次进行记录。将称量出的支撑剂样品倒入排放好的标准筛顶筛，再将这一系列标准筛放置振筛机上，振筛10min后，依次称量出每个筛子及底盘上的支撑剂质量并记录，计算出各粒径范围的质量分数。

表4-8　支撑剂粒径及试验标准筛组合

粒径 μm	3350/ 1700	2360/ 1180	1700/ 1000	1700/ 850	1180/ 850	1180/ 600	850/ 425	600/ 300	425/ 250	425/ 212	212/ 106
参考 筛目	6/ 12	8/ 16	12/ 18	12/ 20	16/ 20	16/ 30	20/ 40	30/ 50	40/ 60	40/ 70	70/ 140
粒径分 布值 μm	4750	3350	2360	2360	1700	1700	1180	850	600	600	300
	3350	*2360*	*1700*	*1700*	*1180*	*1180*	*850*	*600*	*425*	*425*	*212*

粒径/μm	3350/1700	2360/1180	1700/1000	1700/850	1180/850	1180/600	850/425	600/300	425/250	425/212	212/106
粒径分布值/μm	2360	2000	1400	1400	1000	1000	710	500	355	355	180
	2000	1700	1180	1180	*850*	850	600	425	300	300	150
	1700	1400	*1000*	1000	710	710	500	355	250	250	125
	1400	*1180*	850	*850*	600	*600*	*425*	*300*	*212*	*212*	*106*
	1180	850	600	600	425	425	300	212	150	150	75
	底盘	底盘	底盘	底盘	底盘	底盘	底盘	底盘	底盘	底盘	底盘

（2）粒径均值计算：支撑剂样品的粒径均值计算如下：

$$\bar{d} = \sum n_i d_i \Big/ \sum n_i \qquad (4-16)$$

式中　$\bar{d}$——粒径均值，μm；

　　　n_i——筛析实验相邻上下筛间支撑剂质量分数；

　　　d_i——筛析实验中相邻上下筛筛网孔经的平均值。

（3）圆球球度测定：将样品使用分样器逐次分离，最终得到5g的样品，再从中任意取出20粒支撑剂，置于实体显微镜下观察并拍下照片，与圆球度图版对比（图4-10），记录每颗支撑剂的圆球度值，计算出支撑剂样品的平均圆球度。所使用的放大倍数见表4-9。

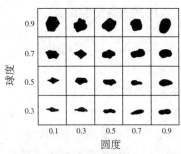

注：图版横坐标为圆度值，纵坐标为球度值

图4-10　支撑剂圆度、球度图版

表4-9　支撑剂的球度、圆度放大倍数

粒径规范 μm	实体显微镜放大倍数 倍
3350～1700，2360～1180，1700～1000， 1700～850，1180～850，1180～600， 850～425，600～300	≥30
425～250，425～212，212～106	≥40

（4）酸溶解度测定：用分析纯试剂按盐酸和氢氟酸质量比为12:3配制盐酸氢氟酸混合溶液。将用使用分样器分好的支撑剂样品在105℃下烘干1h，然后放在干燥器内冷却0.5h。在250mL聚四氟塑料烧杯内加入100mL配制好的盐酸氢氟酸溶液，再从烘干的支撑剂样品中称取5g±0.1g倒入烧杯内，放在65℃的水浴内恒温0.5h。注意不要搅动，不要使其受污染。

将定性滤纸放入聚四氟乙烯漏斗，在105℃条件下烘干1h，称量并记录其质量，将漏斗放在真空过滤设备上。将已恒温0.5h的支撑剂样品及酸液倒入漏斗，要确保将量杯内所有支撑剂颗粒都倒入漏斗，进行真空抽滤。抽滤过程中用蒸馏水冲洗支撑剂样品，每次用20mL的蒸馏水，直至冲洗液显示中性为止。

将漏斗及其内的支撑剂样品一起放入烘箱内在105℃条件下烘干1h，然后放入干燥器内冷却0.5h。立即将冷却的漏斗及支撑剂样品一起称量并记录其质量。

用下式计算支撑剂样品的酸溶解度：

$$S = \frac{m_{s} + m_{fp} - m_{fs}}{m_{s}} \times 100\% \tag{4-17}$$

式中　S —— 支撑剂的酸溶解度，%；

　　　m_{s} —— 支撑剂样品质量，g；

　　　m_{fp} —— 聚四氟乙烯漏斗及滤纸质量，g；

　　　m_{fs} —— 酸式漏斗、滤纸及酸后样品总质量，g。

（5）浊度测定：在干净的250mL广口瓶内放入天然石英砂

30.0g 或人造陶粒 40.0g，用量筒称取 100mL 蒸馏水依次倒入装有支撑剂样品的广口瓶内，每个样品倒入蒸馏水时间间隔10min，倒入蒸馏水后将广口瓶盖盖紧，静止30min。用手摇动0.5min，45次（不能搅动），放置5min。

接好散射式光电浊度仪电源，预热30min，用标准浊度板调试仪器至规定值，再用二次蒸馏水校正零位。将制备好的样品用注射器按仪器要求注入比色皿中，放入仪器进行测量，直接从仪器显示屏读取浊度值。

(6) 视密度测定：使用感量为 0.001g 的天平称密度瓶的质量。称量密度瓶质量为 m_1，瓶内加满水称量为 m_2，倒出瓶内的水，烘干密度瓶，称取支撑剂样品 100g，加入瓶内称量为 m_3；在带有支撑剂样品的瓶内装满水，剧烈摇动排除气泡，继续装满水，称量 m_4。按下式计算视密度：

$$\rho_a = \frac{m_3 - m_1}{m_3 - m_1 + m_2 - m_4} \times \rho_w \qquad (4-18)$$

式中　ρ_a—— 支撑剂视密度，g/cm^3；

　　　ρ_w—— 水的密度（蒸馏水密度见表4-10）。

表4-10　蒸馏水在不同温度下的密度

温度 ℃	密度 g/cm³	温度 ℃	密度 g/cm³
10	0.9997	17	0.9988
11	0.9996	18	0.9986
12	0.9995	19	0.9984
13	0.9994	20	0.9982
14	0.9993	21	0.9980
15	0.9991	22	0.9978
16	0.9990	23	0.9976

温度 ℃	密度 g/cm³	温度 ℃	密度 g/cm³
24	0.9973	33	0.9947
25	0.9971	34	0.9944
26	0.9968	35	0.9941
27	0.9965	36	0.9937
28	0.9963	37	0.9934
29	0.9960	38	0.9930
30	0.9957	39	0.9926
31	0.9954	40	0.9922
32	0.9951	—	—

（7）体积密度测定：支撑剂的体积密度可以用密度瓶或体积密度仪进行测试。

① 用密度瓶测试：用天平称出 100mL 密度瓶的质量，将样品装入密度瓶内至 100mL 刻度处，不要摇动密度瓶或震实，称出装有支撑剂的密度瓶的质量，精确到 0.001g。按下式计算体积密度：

$$\rho_b = \frac{m_{gp} - m_g}{V} \tag{4-19}$$

式中　ρ_b——支撑剂体积密度，g/cm³；

m_{gp}——密度瓶与支撑剂的质量，g；

m_g——密度瓶的质量，g；

V——密度瓶标定体积，cm³。

② 用体积密度测试仪测试：标定体积密度测试仪桶状容器的体积 V。样品使用分样器逐次分离，放入漏斗中；拉开胶皮球，

待支撑剂样品落满桶状容器后，用水平钢板沿容器顶部一次刮平。用天平称得容器内的支撑剂样品的质量 W。按下式计算体积密度：

$$\rho_b = W / V \qquad (4-20)$$

式中　ρ_b——支撑剂体积密度，g/cm^3；

　　　W——支撑剂的质量，g；

　　　V——体积密度仪的实测体积，mL。

（8）破碎率测定：使用分样器逐次分离，取得所需的支撑剂样品200g，倒入支撑剂粒径规范所对应的两个标准筛的顶筛中（见表4-8，黑斜体字所对应的筛子），振筛10min。取支撑剂粒径规范所对应的下限筛内的支撑剂进行下一步实验。

进行天然石英砂支撑剂抗破碎实验时按下式计算所需的样品质量：

$$W_p = C_1 d^2 \qquad (4-21)$$

式中　W_p——支撑剂样品质量，g；

　　　d——支撑剂破碎室直径，cm；

　　　C_1——计算系数，$C_1=1.54g/cm^2$。

称取所需样品分别倒入破碎室，然后放入破碎室的活塞，旋转180°。将带有样品的破碎室垂直放在压力机台面上。启动压力机，按表4-11设定闭合压力，在1min的恒定加载时间将额定载荷均匀加到受压破碎室上，稳载2min后卸掉载荷。将压后的支撑剂样品分别倒入支撑剂粒径规范所对应的下限筛中振筛10min，称取底盘中的破碎颗粒。按下式计算破碎率：

$$\eta = \frac{W_c}{W_p} \times 100\% \qquad (4-22)$$

式中　η——支撑剂破碎率，%；

W_p—— 支撑剂样品质量，g；

W_c—— 破碎样品的质量，g。

表4-11　石英砂支撑剂抗破碎测试压力及指标

粒径范围 μm	闭合压力 MPa	破碎室受力[①] kN	破碎率 %
1180～850（16/20目）	21	42.56	≤14.0
850～425（20/40目）	28	56.75	≤14.0
600～300（30/50目）	35	70.94	≤10.0
425～250（40/60目） 425～212（40/70目） 212～106（70/140目）	35	70.94	≤8.0

[①] 破碎受力值使用于50.8mm直径的破碎室。

进行人造陶粒支撑剂抗破碎实验时按下式计算所需的样品质量：

$$W_p = C_2 \rho_b d^2 \qquad (4-23)$$

式中　ρ_b —— 支撑剂体积密度，g/cm^3；

d —— 支撑剂破碎室的直径，cm；

W_p —— 支撑剂样品质量，g；

C_2 —— 计算系数，C_2=0.958cm。

按照天然石英砂抗破碎测试方法测定人造陶粒的破碎率。

一套完整系列的人造陶粒破碎率评价总共需要4组样品，其中每2组样品承受的应力分别为52MPa和69MPa。如需要，可增加样品数和应力级别到86MPa、100MPa。相应粒径范围、允许最大的破碎率与规定闭合压力见表4-12。

表4-12　陶粒支撑剂破碎率

粒径范围 μm	体积密度/视密度 g/cm^3	闭合压力 MPa	破碎室受力[①] kN	破碎率 %
3350～1700（6/12目）	—	52	105	≤25.0

粒径范围 μm	体积密度/视密度 g/cm³	闭合压力 MPa	破碎室受力① kN	破碎率 %
2360～1180(8/16目)		52	105	≤25.0
1700～1000(12/18目)		52	105	≤25.0
1700～850(12/20目)	—	52	105	≤25.0
1180～850(16/20目)		69	140	≤20.0
1180～600(16/30目)		69	140	≤20.0
	≤1.65/≤3.00	52	105	≤9.0
850～425(20/40目)	≤1.80/≤3.35	52	105	≤5.0
	>1.80/≥3.35	69	140	≤5.0
	≤1.65/≤3.00	52	105	≤8.0
600～300(30/50目)	≤1.80/≤3.35	69	140	≤6.0
	>1.80/≥3.35	69	140	≤5.0
425～250(40/60目)		86	174	≤10.0
425～212(40/70目)	—	86	174	≤10.0
212～106(70/140目)		86	174	≤10.0

① 破碎受力值使用于50.8mm直径的破碎室。

(9) 支撑剂短期导流能力测试：实验室条件下评价压裂支撑剂充填层短期导流能力，必须采用统一的试验设备、试验条件、试验程序。本章节提出的试验设备、试验条件和程序可用来评价、比较实验室条件下支撑剂充填层的导流能力，但并不能获得井下油藏条件下的支撑裂缝导流能力的绝对值。同期、同批支撑剂短期导流能力可作为支撑剂性能比较的依据。关于微粒运移、地层温度、岩石硬度、井下液体、时间以及其他因素超出涉及的范围。

压裂支撑剂渗透率计算：

$$K = \frac{5.555\mu Q}{\Delta p W_f} \tag{4-24}$$

式中　K——支撑剂充填层的渗透率，μm^2；

　　　μ——试验温度条件下试验液体的黏度，mPa·s；

　　　Q——流量，cm³/min；

W_f——充填厚度，cm；

Δp——压差，kPa(上游压力减去下游压力)。

压裂支撑剂充填层的导流能力计算：

$$KW_f = \frac{5.555\mu Q}{\Delta p} \qquad (4-25)$$

式中　KW_f——支撑剂充填层的导流能力，$\mu m^2 \cdot cm$；

　　　　μ——试验温度条件下试验液体黏度，$mPa \cdot s$；

　　　　Q——流量，cm^3/min；

　　　　Δp——压差(上游压力减下游压力)，kPa。

五、检验结果评价

压裂支撑剂检验结果所依据SY/T 5108—2006《压裂支撑剂性能指标及测试推荐方法》进行判定，压裂支撑剂主要评价指标见表4-13。

表4-13　压裂支撑剂主要评价指标

序号	检验项目	评价指标	备注
1	粒径范围	M范围内≥90%	—
		M小于下限≤2%	
		M顶筛≤0.1%	
		M下限筛≤10%	
2	圆度	>0.60	天然石英砂
		>0.80	陶粒
3	球度	>0.60	天然石英砂
		>0.80	陶粒
4	浊度	≤100 FTU	—
5	酸溶解度	≤5.0%	3350~1700μm，2360~1180μm，1700~1000μm，1700~850μm，1180~850μm，1180~600μm，

序号	检验项目	评价指标	备注
5	酸溶解度	≤5.0%	850~425μm，600~300μm
		≤7.0%	425~250μm，425~212μm，212~106μm
6	破碎率		见表4-11、表4-12

六、支撑剂不合格的危害

(1) 粒径组成不合格，即支撑剂的粒径分布不均匀，会降低支撑裂缝的长期导流能力，影响压裂效果。

(2) 圆球度不合格，会影响颗粒的进入井底的速度，延长压裂工艺周期，影响压裂效果。

(3) 酸溶解度大于标准值，在进行酸处理时，酸对支撑剂的溶解度增大，降低支撑剂的强度，无法更有效的支撑压裂裂缝，使裂缝内导流能力降低，从而影响压裂效果。

(4) 浊度大于标准值，即支撑剂中所含的粉尘、杂质含量较高，则会伤害储层，降低储层渗透率和裂缝的导流能力，尤其对于低渗透和致密气层伤害更加严重。

(5) 破碎率是在规定的闭合压力下测定支撑剂的破碎率，其值大于标准值，说明破碎率较高，抗压强度减小，压裂支撑裂缝的高度降低，使导流能力降低，压裂效果变差。

第四节　酸　化　液

一、概述

酸化液能够溶解地层矿物或地层堵塞物，改善地层岩石内部孔道的连通性，具有解除油层污染堵塞、对油层进行改造、提高地层渗透率的作用，从而达到增产增注的目的。

酸化液主要有如下几种基本类型：土酸系列，包括常规土酸、新型土酸；粉末硝酸；复合酸；热气酸。

二、酸化液检验主要技术标准

酸化液检验主要参照SY/T 5405—1996《酸化用缓蚀剂性能试验方法及评价指标》、SY/T 5358—2010《储层敏感性流动实验评价方法》、GB/T 7305—2003《石油和合成液水分离性测定法》、GB/T 9724—2007《化学试剂pH值测定通则》、SY/T 6305—1997《磷酸酸化液技术条件》标准。

检验项目主要包括pH值、体系配伍性、腐蚀速率、破乳率、溶蚀率、破碎率、表面张力和岩心渗透率提高率。

三、检验主要仪器设备

酸度计：pH值测量范围−2.00～19.00，精度±0.01。

电子天平：测量范围0～200g，感量0.001g、0.0001g。

腐蚀挂片仪：温度测量范围室温～90℃，精度±1℃。

石油和合成液抗乳化测定器：转速1500±15r/min；温度测量范围室温～90℃，精度±1℃。

自动表面张力仪：测量范围0～200mN/m，精度±0.01mN/m。

岩心高压油水饱和装置：真空度−0.1～0MPa，精度±0.002MPa。

岩心流动实验仪：压力测量范围0～50MPa，流量测量范围0～100mL/min，温度测量范围室温～90℃。

四、检验程序

1. 材料准备

检验前按下面要求准备好检验所需的材料。

（1）岩屑的准备：取天然岩心，经粉碎、过滤、烘干等步骤，制成0.9～1.6mm的天然岩屑500g。放入干燥的试剂瓶内，编号。

（2）岩心的准备：取天然岩心直径2.5cm，长度2.5～5.0cm，数量6块，编号，洗油并测气体渗透率。

（3）原油的准备：取原油500mL，做好标识。

（4）煤油的准备：取脱水煤油500mL，做好标识。

（5）试片的准备：采用N80试片，用脱脂棉擦净，测其长、宽、高并记录，试片用无水乙醇浸泡并清洗，用冷风吹干，放入干燥器内20min后，用镊子夹持称重，精确至0.0001g，然后放入干燥器。

（6）标准盐水的准备：按照7.0%氯化钠：0.6%氯化钙：0.4%氯化镁的比例，配制成8.0%的标准盐水。

2. pH值测定

用量筒量取150mL酸化液，倒入烧杯中。将校正合格的酸度计的pH电极，首先用蒸馏水冲洗，然后用酸液冲洗。将冲洗后的电极放入到酸化液中，待仪器显示器稳定时，读取pH值。

3. 体系配伍性测定

用量筒量取100mL酸化液，倒入250mL塑料烧杯中，在地层温度下加热4h后，观察酸化液有无悬浮物、絮凝物、沉淀物及分层现象。

4. 腐蚀速率测定

打开电源开关，将酸化液升温至所需测定温度范围内，将试片单片吊挂，三片一组，根据每平方厘米试片表面积酸化液用量20cm^3，把酸化液倒入挂片腐蚀仪的反应容器内，保证试片全部表面与酸化液相接触，记录反应开始时间。

反应4h后，切断电源取出试片，立即用清水冲洗干净，再用软毛刷刷洗；最后用无水乙醇逐片清洗，放在滤纸上用冷风吹干，放在干燥器内干燥20min后称量，精确至0.0001g。

腐蚀速率计算：

$$v_i = 10^6 \times \frac{m_1 - m_2}{A_i \Delta t} \qquad (4-26)$$

式中 ν_i —— 单片腐蚀速率，g/(m²·h)；

　　m_1 —— 腐蚀前试片质量，g；

　　m_2 —— 腐蚀后试片质量，g；

　　A_i —— 试片表面积，mm²；

　　Δt —— 试片在酸化液中浸泡时间，h。

试片表面积计算：

$$A_i = 2(La + ab + bL) \tag{4-27}$$

式中 L —— 试片长，mm；

　　a —— 试片宽，mm；

　　b —— 试片厚，mm。

5. 破乳率测定

取备用原油和待检酸化液，放入与石油和合成液抗乳化测定器温度相同的恒温水浴中加热。向干净的量筒中慢慢倒入40.0mL酸化液，然后倒入40.0mL原油至80.0mL刻度处；将量筒放入已恒温的石油和合成液抗乳化测定器中，静止约10min，使量筒内的油水温度与浴温一致；再将搅拌叶片放入量筒内，用金属夹具固定。在1500r/min的转速下搅拌5min；搅拌后提起搅拌叶片，用玻璃棒把叶片上的油刮落到量筒内；每隔10min，从侧面观察和记录量筒内分离的酸化液的毫升数。

破乳率计算：

$$\psi = \frac{V_2}{V_1} \times 100\% \tag{4-28}$$

式中 Ψ —— 破乳率，%；

　　V_2 —— 1h分离出的酸化液体积，mL；

　　V_1 —— 乳化前酸化液体积，mL。

6. 溶蚀率、破碎率测定

将酸化液放入水浴中加热至地层温度。取制备好的天然岩屑5g，放入塑料烧杯中，加入酸化液50mL，在地层温度下反应一定时间，反应时间按设计执行（无设计的按4h）。达到反应时间后取出岩屑，过滤，在105℃下烘干至恒量（通常不低于8h），记录其质量W；将称重后的岩屑用0.56mm筛子过筛后称重，记录其质量W_1。将反应后的残液收集在三角瓶中，用塑料布盖好，待用。

溶蚀率计算：

$$R_W = \frac{W_0 - W}{W_0} \times 100\% \qquad (4-29)$$

式中　R_W —— 酸化后岩样的溶蚀率，%；

　　　W_0 —— 岩样与酸反应前的质量，g；

　　　W —— 岩样与酸反应后的质量，g。

破碎率计算：

$$\tau = \frac{W - W_1}{W} \times 100\% \qquad (4-30)$$

式中　τ —— 酸化后岩样的破碎率，%；

　　　W —— 筛前酸化液与岩屑反应后的质量，g；

　　　W_1 —— 筛后岩屑质量，g。

7. 表面张力测定

按表面张力仪使用说明量取一定体积的酸化液，测定其表面张力。

8. 岩心渗透率提高率测定

将备用岩心称重、抽空并用标准盐水饱和，称量饱和前后的质量。按流程图（图4-9）接好管线，并检查流程。装好岩心，开泵，流程排气；使液体（如地层水）充满泵至岩心进口端管线。加围压，围压与内压之差为2.0～5.0MPa。将计量泵流量设置为临界流量以下，开泵，待流动状态稳定后，用量筒准确计量从岩心中流出的液体，记录压力、流量值，计算出此时的岩心渗透率K_f。反向注入10倍孔隙体积的酸化液，反应时间按设计执行（无设计的按4h），正向测压力、流量值，计算出此时的岩心渗透率K_{fp}。

渗透率K按达西公式（4-5）计算。

岩心渗透率提高率计算：

$$R_d = \frac{K_{fp} - K_f}{K_f} \times 100\% \tag{4-31}$$

式中　R_d——岩心渗透率提高率，%；

K_{fp}——注酸后，地层水通过岩心的渗透率，$10^{-3}\mu m^2$；

K_f——注酸前，地层水通过岩心的渗透率，$10^{-3}\mu m^2$。

五、检验结果评价

酸化液检验结果执行地方标准或企业标准。以大庆油田为例，可参照表4-14指标进行评价。

表4-14　酸化液检验项目及评价指标

序号	检验项目		评价指标
1	体系配伍性		无悬浮物、无絮凝物、无沉淀物及无分层现象
2	pH值		≤2.0
3	破乳率，%		≥90
4	腐蚀速率 g/ m²·h	45℃	≤1.0
		60℃	≤5.0
		90℃	≤10.0
		100℃	≤15.0
		120℃	≤40.0
5	表面张力，mN/m		≤30.0
6	溶蚀率，%		根据酸化设计方案提供的指标及岩心进行检验
7	破碎率，%		
8	岩心渗透率提高率，%		

六、酸化液不合格的危害

(1) pH 值超标，酸性太弱或非酸性，起不到溶蚀作用，将影响酸化效果。

(2) 体系不配伍，将直接导致堵塞地层，增加流动阻力，不但起不到解堵、提高储层基质渗透率的作用，反而还会伤害地层，降低储层渗透率，将影响酸化效果。

(3) 腐蚀速率超标，将会对施工的设备及管柱造成腐蚀，轻则缩短使用寿命，重则出现刺漏现象，伤害到人身或对周围环境造成污染；同时腐蚀产物还会对储层造成伤害。

(4) 破乳率不达标，将会在地层内产生乳化堵塞，对于水井，将会导致注水压力上升；对于油井，将会导致产液量下降。

(5) 溶蚀率过高，将导致地层坍塌、破坏骨架，对地层造成伤害；溶蚀率过低，起不到解堵、提高储层基质渗透率的作用。

(6) 破碎率过高，将导致地层坍塌、破坏骨架，对地层造成伤害。

(7) 表面张力过高，水锁及贾敏效应增大，增加毛细管阻力，将影响润湿和返排效果，直接影响到酸化效果。

(8) 岩心渗透率提高率过低，起不到提高基质渗透率的作用，将直接影响酸化效果。

第五节　酸化液添加剂

一、概述

酸化作为油田重要增产增注措施之一，在油田开发过程中起到了举足轻重的作用。为增强酸化效果，酸化液除主酸液外，添加剂是必不可少的，其作用主要有四个方面：第一，防止设备和管线腐蚀，缩短使用寿命或发生事故；第二，避免对地层造成乳化堵塞、沉淀堵塞等伤害；第三，防止黏土矿物分散、运移；第四，增强润湿性及助排能力。

酸化液添加剂按其用途主要分为以下五类：缓蚀剂、黏土稳定剂、铁离子稳定剂、助排剂、破乳剂。

二、酸化用缓蚀剂检验

1．参照主要技术标准

酸化用缓蚀剂检验主要参照SY/T 5405—1996《酸化用缓蚀剂性能试验方法及评价指标》、GB/T 510—83《石油产品凝点测定法》和GB/T 6324.1—2004《有机化工产品试验方法 第一部分：液体有机化工产品水混溶性试验》。

检验项目主要包括外观、凝点、腐蚀速率、溶解分散性、乏酸平均腐蚀速率、乏酸点蚀、岩心渗透率伤害率。

2．检验主要仪器设备

电子天平：测量范围0～200g；感量0.0001g。

腐蚀挂片仪：温度测量范围室温～90℃，精度±1℃。

高温高压动态腐蚀仪：温度测量范围室温～200℃，压力测量范围0～20MPa，转速0～600r/min；精度±1℃，±1MPa。

数显密度计：密度测量范围0～2000kg/m³，精度±1kg/m³。

酸度计：pH值测量范围-2.00～19.00，精度±0.01。

凝点测定仪：温度测量范围：0～-60℃，精度±0.8℃。

点蚀测深仪：测量范围0～5mm，精度0.02mm。

实体显微镜：放大倍数200倍。

岩心流动实验仪：压力测量范围0～50MPa，流量测量范围0～100mL/min，温度测量范围室温～90℃。

岩心高压油水饱和装置：真空度-0.1～0MPa，精度±0.002MPa。

3．检验程序

（1）检验前的准备：检验前按下列要求准备酸液、试片及岩心。

① 盐酸的配制：根据测定要求，按公式 (4-32) 和 (4-33) 计算配制一定体积、一定质量分数的盐酸所需要的浓盐酸和蒸馏水用量。配制时，边搅拌，边将浓盐酸缓慢加入蒸馏水中，搅拌均匀。

浓盐酸用量按式 (4-32) 计算：

$$V_0 = \frac{V\rho W}{\rho_0 W_0} \tag{4-32}$$

式中　V_0—— 浓盐酸用量，cm^3；

ρ_0—— 浓盐酸密度，g/cm^3；

W_0—— 浓盐酸质量分数，%；

V—— 所配制的盐酸体积，cm^3；

ρ—— 所配制的盐酸密度，g/cm^3；

W—— 所配制的盐酸质量分数，%。

蒸馏水用量按式 (4-33) 计算：

$$V_水 = (V \cdot \rho - V_0 \cdot \rho_0) / \rho_水 \tag{4-33}$$

式中　$V_水$—— 蒸馏水用量，cm^3；

$\rho_水$—— 室温下水的密度，g/cm^3。

② 土酸的配制：根据测定要求，按公式 (4-34)、式 (4-35) 和式 (4-36) 计算配制一定体积、一定质量分数的土酸所需的浓盐酸、浓氢氟酸及蒸馏水用量。配制时需用塑料容器，按先蒸馏水，后浓盐酸，再浓氢氟酸的顺序缓慢、搅拌加入，配好后搅拌混匀。

浓盐酸用量按式 (4-34) 计算：

$$V_1 = \frac{V'\rho'W'}{\rho_1 W_1} \tag{4-34}$$

式中　V'—— 所配土酸体积，cm^3；

ρ' —— 所配土酸密度，g/cm³；

W' —— 所配土酸中盐酸质量分数，%；

V_1 —— 所配土酸中浓盐酸用量，cm³；

ρ_1 —— 浓盐酸密度，g/cm³；

W_1 —— 浓盐酸质量分数，%。

浓氢氟酸用量按式（4-35）计算：

$$V_2 = \frac{V'\rho'W'}{\rho_2 W_2} \qquad (4-35)$$

式中 V_2 —— 所配土酸中浓氢氟酸用量，cm³；

ρ_2 —— 浓氢氟酸密度，g/cm³；

W_2 —— 浓氢氟酸质量分数，%。

蒸馏水用量按式（4-36）计算：

$$V'_水 = (V'\rho' - V_1\rho_1 - V_2\rho_2)/\rho_水 \qquad (4-36)$$

式中 $V'_水$ —— 所配土酸中蒸馏水用量，cm³。

③ 标准盐水的配制：按照7.0%氯化钠：0.6%氯化钙：0.4%氯化镁的比例，配制成8.0%的标准盐水。

④ 试片准备：N80材质，长度50±0.02mm，宽度10±0.02mm，厚度3±0.02mm，用脱脂棉擦净试片，测其长、宽、高并记录，试片用无水乙醇清洗，并用冷风吹干，放入干燥器内20min后，用镊子夹持称重（精确至0.0001g），然后放入干燥器中备用。

⑤ 岩心准备：直径2.54±0.02cm，长度5.00～7.00cm。

（2）外观测定：非直射自然光线下肉眼观察，将其少量样品倒入比色管中，在白色背景下目测，摇匀后观察应为均匀液体，无悬浮物及分层现象。

（3）凝点测定：在干燥、清洁的试管中注入破乳剂，使液面满到环形标线处。用软木塞将温度计固定在试管中央，使水银球距管底8～10mm。将装有试样和温度计的试管，垂直地放入凝点测定仪中，直至试样的温度达到0±1℃为止。

从凝点测定仪中取出装有试样和温度计的试管，观察试管里面液面，当液面位置有移动时，再次放入−5±1℃的仪器中，直至试样的温度达到−5±1℃为止。每次试样降低5℃，重复上述试验步骤，直至某试验温度能使液面位置停止移动为止。

找出凝点的温度范围（液面位置从不移动到移动的温度范围）之后，就采用比移动的温度低2℃，或采用比不移动的温度高2℃，重新进行试验。直至确定某试验温度能使试样的液面停留不动而提高2℃又能使液面移动，就取使液面不动的温度，作为试样的凝点。

注：测定低于0℃的凝点时，试验前应在套管底部注入无水乙醇1～2mL。

试验温度低于−20℃时，重新测定前应将装有试样和温度计的试管放在室温中，待试样温度升到−20℃，才将试管浸在水浴中加热。

试样的凝点必须进行重复测定。第二次测定时的开始试验温度，要比第一次所测出的凝点高2℃。

（4）溶解分散性测定：将缓蚀剂加入上述配制好的酸化液中配制成现场施工所需使用浓度的溶液100mL充分摇匀后，倒入100mL的塑料试管中（因试验的酸中含有氢氟酸等对玻璃有腐蚀性的物质，将比色管改为塑料试管）。将上述溶液置于检验温度的恒温水浴中放置24h，观察加入缓蚀剂的样品中有无分层、沉淀、混浊等现象。

（5）静态腐蚀速率、缓蚀率测定：采用挂片失量法，在常压，所需测定温度的条件下，将已称量的试片分别放入恒温的未加和加有缓蚀剂的酸溶液中，浸泡到预定时间后，取出试片，清洗、干燥处理后称量，计算失量、平均腐蚀速率及缓蚀率。

将缓蚀剂加入上述配制好的酸化液中配制成所需使用浓度的溶液，打开电源开关，将酸化液升温至所需测定温度范围内，将准备好的试片单片吊挂，三片一组，根据每平方厘米试片表面积酸化液用量20cm³，将上述配制好的空白酸化液和加入缓蚀剂的酸化液分别倒入静态挂片腐蚀仪的反应容器内，保证试片全部表面与酸化液相接触，记录反应开始时间。反应达到预定时间后，切断电源取出试片，观察腐蚀状况并详细记录。立即将试片用清水冲洗干净，再用软毛刷刷洗；最后用无水乙醇逐片清洗，放在滤纸上用冷风吹干后，放在干燥器内干燥30min后称量，精确至0.0001g。

腐蚀速率按公式（4-26）计算，试片表面积按公式（4-27）计算，平均腐蚀速率按式（4-37）计算：

$$\bar{v} = \frac{v_1 + v_2 + v_3}{3} \qquad (4-37)$$

式中　$\bar{v}$ —— 每组平行样平均单片腐蚀速率，$g/(m^2 \cdot h)$；

　　　v_1、v_2、v_3 —— 分别为同组的三块试片的腐蚀速率，
　　　　　　$g/(m^2 \cdot h)$。

缓蚀率按式（4-38）计算：

$$\eta = \frac{\bar{v}_0 - \bar{v}}{\bar{v}_0} \times 100\% \qquad (4-38)$$

式中　η —— 缓蚀率，%；

　　　$\bar{v}_0$ —— 未加缓蚀剂的总平均腐蚀速率，$g/(m^2 \cdot h)$；

　　　$\bar{v}$ —— 加有缓蚀剂的总平均腐蚀速率，$g/(m^2 \cdot h)$。

（6）动态腐蚀速率、缓蚀率测定：采用高温高压动态腐蚀仪，按测定温度、压力，应用挂片失量法进行测定。

根据每平方厘米试片表面积酸化液用量20cm³，把按上述制备的定量酸化液倒入高压釜体内，将试片吊在挂片器上，安装搅拌，密封、挂片组件并拧紧，接好管线。开启测定仪电源，以仪器最快升温速率设置加热程序及所需测定温度。

打开高压氮气源阀门，调节气压阀，气动泵，使釜内压力

略低于测定压力。当温度达到测定所需温度，通过卸压阀调节反应容器压力为测定所需压力，启动搅拌马达，调节到测定所需转速，记录测定开始时间。

反应达到预定时间，切断电源，卸去酸化液，迅速取出试片，观察腐蚀状况并详细记录。立即用清水冲洗干净，再用软毛刷刷洗；最后用无水乙醇逐片清洗，放在滤纸上用冷风吹干，放在干燥器内干燥30min后称量，精确至0.0001g。

腐蚀速率按公式（4-26）计算；试片表面积按公式（4-27）计算；平均腐蚀速率按公式（4-37）计算；缓蚀率按公式（4-38）计算。

（7）乏酸中缓蚀剂防腐蚀测定：采用静态、动态腐蚀速率、缓蚀率测定方法，测定酸化施工后期，酸化液pH值下降到3～4时乏酸的平均腐蚀速率；用点蚀测深仪测量点蚀深度，用实体显微镜测点蚀直径以检验腐蚀试验后试片表面腐蚀状况及缓蚀剂防点蚀性能。

测试用的乏酸可以由三种方法取得：① 直接取现场施工返排乏酸（测定时不另加缓蚀剂）。② 用现场岩样制备乏酸：取现场岩样粉碎，使80%以上岩样碎屑通过SSW 0.15/0.1标准筛网，取筛下岩样粉末供试验用；取一定量的按所需使用浓度配制的盐酸（碳酸盐岩）或土酸（砂岩），加入所需使用浓度的缓蚀剂，搅匀；边搅拌边加入过筛岩样粉末，使反应液的pH值为3.5（用酸度计测定），过滤，滤液用作试验。③ 用碳酸钙制备盐酸酸化时的乏酸：取一定量的测定所需使用浓度的盐酸与相应数量碳酸钙反应、搅拌，反应后，用6mol/L盐酸调至pH为3.5（用酸度计测定），再加所需用量的缓蚀剂。

常压静态试验按上文静态腐蚀速率测定方法，高温高压动态试验按上文动态腐蚀速率测定方法，其中反应时间皆为24～48h。

用点蚀测深仪，观测静态或动态腐蚀试验后的试片，并在整个试片表面上找出最大点蚀深度（h_{max}）。用实体显微镜，在整个试片表面上找出点蚀最严重的区域，统计、记录该区域1cm^2

（正方形）内的点蚀孔数（N）和最大点蚀面积（S）。

腐蚀速率、平均腐蚀速率分别按公式（4-26）和式（4-37）计算。

金属点蚀的程度用点蚀因数表述，按式（4-39）计算：

$$f = \frac{h_{max}}{\bar{h}} \qquad (4-39)$$

式中　f —— 点蚀因数，无量纲；

　　　h_{max} —— 最大点蚀深度，mm；

　　　$\bar{h}$ —— 平均点蚀深度，mm。

平均点蚀深度按式（4-40）计算：

$$\bar{h} = \frac{10^{-3} \Delta m}{\rho_g A} \qquad (4-40)$$

式中　$\bar{h}$ —— 平均点蚀深度，mm；

　　　Δm —— 腐蚀失量，g；

　　　ρ_g —— （N80）钢的密度，g/cm^3；

　　　A —— 试片面积，mm^2。

（8）缓蚀剂对岩心渗透率伤害率测定：将缓蚀剂水溶液挤入天然岩心，用煤油测量挤入缓蚀剂水溶液前、后天然岩心的渗透率，比较渗透率的变化，测定缓蚀剂对岩心渗透率伤害的程度。

实验前做好以下准备：

配制质量分数为8.0%标准盐水溶液和一定缓蚀剂浓度的质量分数8.0%标准盐水溶液两种试验液体。

将待测岩心洗油后测定孔隙体积及气体渗透率，选择气体渗透率不小于$10 \times 10^{-3} \mu m^2$的岩心供试验，岩心用质量分数为8.0%的标准盐水溶液饱和待用。

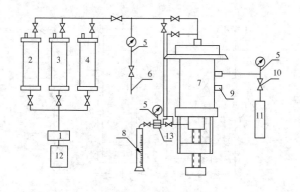

图4-11 短岩心流程图

1—恒流泵；2—标准盐水溶液高压容器；3—缓蚀剂溶液高压容器；
4—煤油高压容器；5—压力表；6—放空；7—岩心夹持器；8—量筒；9—温控器；
10—阀门；11—手动高压泵；12—盛水容器；13—回压调节阀

对于短岩心（长度2.5cm），按以下测定步骤进行实验：

按图4-11接好流程图，正向挤入质量分数为8.0%标准盐水溶液至流量、压力稳定后，正向挤入煤油，至流量、压力稳定，并记录流量、压力；将含有试验所需浓度缓蚀剂的质量分数为8.0%标准盐水溶液反向挤入岩心，至少挤入20倍岩心总孔隙体积，直至流量、压力稳定；正向挤入煤油，流量、压力稳定后记录。

对于长岩心（长度5.0～8.0cm），按以下测定步骤进行实验：

选配已加工的岩心3～5段，测量长度及直径；将岩心装入岩心夹持器中，按图4-12连接并调试长岩心流动试验仪，记录各段岩心长度；正向挤入质量分数为8.0%标准盐水溶液至流量、压力稳定后，正向挤入煤油，至流量、压力稳定，记录流量和各段压差；按20倍总岩心孔隙体积的含一定浓度缓蚀剂的质量分数为8.0%标准盐水溶液反向挤入岩心。正向挤入煤油，流量、压力稳定后，记录流量和各段压差。

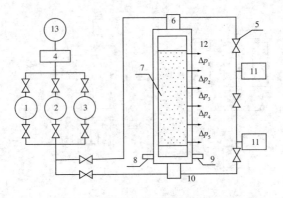

图4-12 长岩心流程图

1—标准盐水溶液高压容器；2—缓蚀剂溶液高压容器；3—煤油高压容器；
4—恒流泵；5—电动阀门；6—正向注入端；7—岩心夹持器；8—围压调节接口；
9—温度接口；10—反向注入端；11—回压调节器；12—压力接口；13—盛水容器

短岩心和各段长岩心渗透率按式（4-41）计算：

$$K_{i} = 10^{2} \times \frac{Q\mu L_{i}}{\Delta p A_{y}} \qquad (4-41)$$

式中　K_{i}——岩心渗透率，$10^{-3}\mu m^{2}$；

　　　Q——液体流量，mL/s；

　　　L_{i}——岩心段长度，cm；

　　　A_{y}——岩心段横截面积，cm^{2}；

　　　μ——液体黏度，mPa·s；

　　　Δp——岩心段液体压差，MPa。

缓蚀剂对短岩心，各段长岩心渗透率的伤害率按式（4-42）计算：

$$\eta_{i} = \frac{K_{o} - K_{i}}{K_{o}} \times 100\% \qquad (4-42)$$

式中　η_i —— 岩心渗透率的伤害率，%；

　　　K_o，K_i —— 缓蚀剂水溶液注入前、后煤油所测渗透率，$10^{-3} \mu m^2$；

长岩心试验时：$i = 1$、2、3、4、5。

4. 检验结果评价

酸化用缓蚀剂检验结果主要按照 SY/T 5405—1996《酸化用缓蚀剂性能试验方法及评价指标》进行判定，检验项目及评价指标参见表4-15。

表4-15　酸化用缓蚀剂检验项目及评价指标

序号	检验项目			评价指标			备注
1	外观			均匀液体			
2	凝点，℃			≤ −35			指标执行地方标准或企业标准，以大庆油田为例，参照评价指标
3	腐蚀速率，g/ m²·h						指标执行地方标准或企业标准，以大庆油田为例，参照评价指标 SY/T 5405—1996《酸化用缓冲剂性能试验方法及评价指标》常压静态指标
	酸液类型	试验温度，℃	酸液质量分数，%	一级	二级	三级	
			HCl	HF			
	盐酸	45	15	0~0.5	>0.5~0.8	>0.8~1.0	
			20	0.5~1.0	>1.0~1.5	>1.5~2.0	
		60	15	2~3	>3~4	>4~5	
			20	3~4	>4~5	>5~8	
		90	15	3~4	>4~5	>5~10	
			20	3~5	>5~10	>10~15	

序号	检验项目				评价指标			备注
3	盐酸	100	15	—	3~5	>5~10	>10~15	SY/T 5405—1996《酸化用缓冲剂性能试验方法及评价指标》高温高压动态指标
			20		5~10	>10~15	>15~20	
		120	15		10~20	>20~30	>30~40	
			20		20~30	>30~40	>40~50	
		140	15		30~40	>40~50	>50~60	
			20		40~50	>50~60	>60~70	
		160	15		60~70	>70~80	>80~100	
			20		70~80	>80~90	>90~100	
		180	15		70~80	>80~100	>100~120	
			20		70~80	>80~100	>100~120	
	土酸	45	7.5	1.5	0~0.2	>0.2~0.4	>0.4~0.5	指标执行地方标准或企业标准，以大庆油田为例，参照评价指标
			12	3	0~0.5	>0.5~0.8	>0.8~1.0	
		60	7.5	1.5	0.5~1	>1~3	>3~8	SY/T 5405—1996《酸化用缓蚀剂性能试验方法及评价指标》常压静态指标
			12	3	2~3	>3~5	>5~10	
		90	7.5	1.5	2~3	>3~5	>5~10	
			12	3	3~5	>5~10	>10~15	

序号	检验项目			评价指标			备注
3	土酸	100	7.5	1.5	3~5	>5~7	>7~15	SY/T 5405—1996《酸化用缓蚀剂性能试验方法及评价指标》高温高压动态指标
			12	3	4~7	>7~12	>12~20	
		120	7.5	1.5	10~15	>15~25	>25~30	
			12	3	15~20	>20~30	>30~40	
		140	7.5	1.5	20~25	>25~30	>30~40	
			12	3	25~30	>30~40	>40~50	
		160	7.5	1.5	30~40	>40~50	>50~60	
			12	3	35~50	>50~60	>60~70	
		180	7.5	1.5	50~70	>70~80	>80~100	
			12	3	60~80	>80~90	>90~110	

序号	检验项目	评价指标		备注
4	溶解分散性	一级	二级	SY/T 5405—1996《酸化用缓蚀剂性能试验方法及评价指标》指标
		酸液透明清亮,无液/液相分层,无液/固相分离	酸液不透明,但仍是均匀的液体,并在试验时间内液体稳定,无分层,无沉淀	

序号	平均腐蚀速率,g/ (m²·h)					备注
	酸液类型	试验温度,℃	一级	二级	三级	
5	乏酸	45	0.05~0.1	>0.1~0.2	>0.2~0.3	指标执行地方标准或企业标准,以大庆油田为例,参照评价指标

続表

序号	检验项目		评价指标			备注
5	乏酸	60	0.1~0.2	>0.2~0.3	>0.3~0.5	SY/T 5405—1996《酸化用缓蚀剂性能试验方法及评价指标》指标
		90	0.3~0.5	>0.5~0.7	>0.7~1.0	
		100	0.5~0.7	>0.7~1.0	>1.0~1.5	
		120	1.5~2	>2~4	>4~6	
		140	2.5~3	>3~5	>5~7	
		160	3~4	>4~6	>6~8	
		180	5~6	>6~9	>9~12	

序号	点蚀		一级	二级	三级	备注
6	酸液类型	参数				SY/T 5405—1996《酸化用缓蚀剂性能试验方法及评价指标》指标
	乏酸	点蚀孔数，个/m^2	2.5×10^3	1.0×10^4	5×10^4	
		最大点蚀面积，mm^2	0.5	2.0	8.0	
		最大点蚀深度，mm	0.4	0.8	1.6	
		点蚀因数	160	320	640	

序号	检验项目	评价指标	备注
7	岩心渗透率伤害率，%	—	指标执行地方标准或企业标准

5. 酸化用缓蚀剂不合格的危害

腐蚀速率超标，将会对施工的设备及管柱造成腐蚀，轻则缩短使用寿命，重则出现刺漏现象，伤害到人身或对周围环境造成污染；同时腐蚀产物还会对储层造成伤害。

三、酸化用黏土稳定剂检验

1. 参照主要技术标准

酸化用黏土稳定剂检验主要参照SY/T 5762—1995《压裂酸化用黏土稳定剂性能测定方法》、SY/T 5971—1994《注水用黏土稳定剂性能评价方法》和GB/T 6324.1—2004《有机化工产品试

验方法　第一部分：液体有机化工产品水混溶性试验》。

检验项目主要包括外观、密度、pH值、溶解性、与酸化液的配伍性、防膨率、泥岩损失降低率、破碎降低率和岩心渗透率伤害率。

2．检验主要仪器设备

电子天平：测量范围0～200g，感量0.001g。

数显密度计：密度测量范围0～2000kg/m³，精度±1kg/m³。

离心机：转速1～3000r/min。

页岩膨胀仪：测量范围为±10mm，精度0.01mm。

岩心流动实验仪：压力测量范围0～50MPa，流量测量范围0～100mL/min，温度测量范围室温～90℃。

试验筛：直径40mm，筛孔基本尺寸分别为3.15mm，1.40mm，0.5mm；SSW1.14/0.45，SSW0.150/0.104

3．检验程序

（1）检验前的准备：按下列要求准备检验所需材料。

黏土稳定剂溶液配制：称取一定量黏土稳定剂（精确至0.01g），配制成所需使用浓度的稳定剂水溶液，如无明确规定按1.0%～2.0%配制。

酸化液配制：按所试验的配方进行配制。

标准盐水的配制：按照7.0%氯化钠：0.6%氯化钙：0.4%氯化镁的比例，配制成8.0%的标准盐水。

岩心的准备：天然岩心直径2.5cm，长度2.5～5.0cm编号，洗油并测气体渗透率。

（2）外观测定：参照本章第二节压裂用黏土稳定剂外观测试方法。

（3）密度测定：参照本章第二节压裂用交联剂密度测试方法。

（4）pH值测定：参照本章第二节压裂用交联剂pH值测试方法。

（5）溶解性测定：将水溶性测定方法中水换成酸，用相同方法测试。若试验的酸中含有氢氟酸等对玻璃有腐蚀性的物质，将比色管改为塑料试管。

（6）与酸化液配伍性测定：将配制好的酸化液和含黏土稳定剂的酸化液置于地层温度水浴中放置24h，观察并记录加入黏土稳定剂的样品中有无悬浮、分层、沉淀、混浊等现象。

（7）泥岩损失降低率测定：用量筒分别量取配制好的含黏土稳定剂水溶液和空白样各100mL置于150mL烧杯中，用玻璃棒搅拌使其均匀，按照第二节压裂用黏土稳定剂中的泥岩损失率测定方法进行测定。

损失率按式（4-12）计算。

泥岩损失降低率按式（4-43）计算：

$$S_D = \frac{D_1 - D_2}{D_1} \times 100\% \qquad (4-43)$$

式中　S_D——泥岩损失降低率，%；

　　　D_1——空白样的泥岩颗粒损失率，%；

　　　D_2——加入黏土稳定剂后的泥岩颗粒损失率，%。

（8）防膨率测定：防膨率测定可以采用离心法或膨胀仪法。

离心法测定防膨率按以下步骤进行：

① 取研磨好的膨润土，筛取通过SSW0.150/0.104，但不通过SSW0.075/0.052的膨润土粉2000g，放入电热恒温干燥箱，于105±1℃下恒温6h，置于干燥器中冷却至室温，存广口瓶中备用。

② 称取0.50g膨润土粉，精确至0.01g，装入10mL离心管中，加入10mL黏土稳定剂水溶液，充分摇匀，在室温下静止放置2h，装入离心机内，在转速为1500r/min下离心分离15min，读出膨润土膨胀后的体积V_1。

③ 用10mL水取代黏土稳定剂水溶液，重复上述实验，测出膨润土在水中的膨胀体积V_2。

④ 用10mL煤油取代黏土稳定剂水溶液，重复上述实验，测出膨润土在煤油中的膨胀体积V_0。

防膨率按式 (4-44) 计算：

$$B_1 = \frac{V_2 - V_1}{V_2 - V_0} \times 100\%　　　　(4-44)$$

式中　B_1—— 防膨率，%；

　　　V_1—— 膨润土在黏土稳定剂水溶液中的膨胀体积，mL；

　　　V_2—— 膨润土在水中的膨胀体积，mL；

　　　V_0—— 膨润土在煤油中的膨胀体积，mL。

膨胀仪法测定防膨率按以下步骤进行：

① 岩心粉的制备：将上述泥岩样品破碎成小块，用固体样品粉碎机粉碎一定时间。筛取通过 SSW1.14/0.45，但不通过 SSW0.150/0.104 的岩心粉，置电热恒温干燥箱中，于 105℃ ±1℃ 下恒温 6h，移至干燥器中冷却至室温、存广口瓶中备用。

② 岩心制备：在页岩膨胀测试仪测筒的底盖内垫上一层滤纸，旋紧测筒的底盖；称取一定量的岩心粉，精确至 0.01g，装入测筒内，将岩心粉展平；装好塞杆的密封圈，将塞杆插入测筒内，置于压力机上，均匀加压至所需压力，稳压 10min，卸去压力，取下测筒备用。

用检验前配制的黏土稳定剂溶液，按照第二节压裂用黏土稳定剂中的防膨率测定方法测定防膨率，防膨率按公式 (4-13) 计算。

(9) 破碎降低率测定：取配制好的酸化液二份，一份为空白样，另一份中加入使用浓度的黏土稳定剂。将二份溶液放入水浴中加热至地层温度。

称取制备好的天然岩屑 5g 共称取六份，分别放入六只塑料烧杯中，前三只烧杯分别加入上述的空白样 50mL，后三只烧杯分别加入上述的含使用浓度的黏土稳定剂的酸溶液 50mL；在检验温度下反应 4h(缓速酸按要求延长反应时间)。

取出岩屑，过滤，在 105℃ 下烘干至恒重（一般不低于 8h），冷却后称重并记录其质量。将称重后的岩屑，用0.56 mm筛子过筛后称重。

破碎率按公式 (4-30) 计算。破碎降低率按式 (4-45) 计算：

$$P_d = \frac{\tau_0 - \tau_1}{\tau_0} \times 100\% \qquad (4-45)$$

式中　P_d——岩样的破碎降低率，%；

　　　τ_0——空白样酸溶后岩样的破碎率，%；

　　　τ_1——加入黏土稳定剂酸溶后岩样的破碎率，%。

(10) 岩心渗透率伤害率测定：将岩心称重、抽空并用标准盐水饱和，测量饱和前后的质量。按流程图 (图4-9) 接好管线，装好岩心，打开驱替泵，流程排气后加围压，围压与内压之差可为2.0～5.0MPa。

正向注入盐水，待流速稳定后测定岩心原始渗透率K_q；反向注入一定倍数孔隙体积的黏土稳定剂水溶液；正向注入盐水，待流速稳定后测定岩心处理后的渗透率K_h。

渗透率K按达西公式 (4-5) 计算。岩心渗透率伤害率按式 (4-46) 计算：

$$R_k = \frac{K_q - K_h}{K_q} \times 100\% \qquad (4-46)$$

式中　R_k——岩心渗透率伤害率，%；

　　　K_q——注黏土稳定剂前岩心原始渗透率，$10^{-3} \mu m^2$；

　　　K_h——注黏土稳定剂后岩心渗透率，$10^{-3} \mu m^2$。

4．检验结果评价

目前行业标准SY/T 5762—1995《压裂酸化用黏土稳定剂性能测定方法》中没有规定统一的评价指标，检验结果评价执行地方标准或企业标准。

5. 酸化用黏土稳定剂不合格的危害

(1) pH值、密度不合格，直接影响到配伍性，溶液会产生分层现象；

(2) 体系配伍性不合格，将直接导致堵塞地层，不但起不到解堵、提高储层渗透率的作用，反而还会伤害地层，降低储层渗透率；

(3) 破碎降低率、泥岩损失降低率过低，将无法达到抑制微粒运移的作用；

(4) 防膨率过低，无法达到抑制黏土膨胀的作用。

四、酸化用铁离子稳定剂检验

1. 参照主要技术标准

酸化用铁离子稳定剂的检验主要参照SY/T 6571—2003《酸化用铁离子稳定剂性能评价方法》、GB/T 6324.1—2004《有机化工产品试验方法 第一部分：液体有机化工产品水混溶性试验》。

检验项目主要包括外观、密度、pH值、与酸化液配伍性、稳定铁离子能力、岩心渗透率变化率。

2. 检验主要仪器设备

电子天平：测量范围0～200g，感量0.001g。

数显密度计：测量范围0～2000kg/m³，精度±1kg/m³。

酸度计：测量范围−2.00～19.00，精度0.01。

岩心流动实验仪：压力测量范围0～50MPa，流量测量范围0～100 mL/min，温度测量范围室温～90℃。

3. 检验程序

(1) 检验前的准备：按下列要求准备检验所需溶液及实验材料。

酸化液的配制：酸化液按所需使用浓度的配方配制，如无明确规定，按本节酸化用缓蚀剂中的酸化液的配制。

标准盐水的配制：

按照7.0%氯化钠：0.6%氯化钙：0.4%氯化镁的比例，配制成8.0%的标准盐水。

主要材料：天然岩心（直径2.5cm，长度2.5cm），给岩心编号，洗油并测气体渗透率。

（2）外观测定：非直射自然光线下肉眼观察（固体试样直接目测，液体试样：将其少量样品倒入比色管中，在白色背景下目测）。

（3）密度测定：参照本章第二节压裂用交联剂密度测试方法。

（4）pH值测定：参照本章第二节压裂用交联剂pH值测试方法。

（5）与酸化液的配伍性：酸化液按所需使用浓度的配方配制，铁离子稳定剂溶液以配制的酸化液为溶剂，铁离子稳定剂为使用浓度的2倍。

向六支比色管中，分别移入50mL上述配制的溶液，加盖密封，分为两组。一组放在室温下，另一组放入所需地层温度的恒温水浴中，观察比色管中液体变化情况，每30min观察一次，测定时间为4h，观察加入铁离子稳定剂的样品中有无悬浮、分层、沉淀、浑浊等现象。

（6）稳定铁离子(Fe^{3+})能力测定。按下面步骤测定铁离子稳定剂稳定铁离子能力：

① 铁离子稳定剂试样的配制：量取适量蒸馏水，置于干净烧杯中；用移液管量取20mL液体铁离子稳定剂样品，或用电子天平称取20g固体铁离子稳定剂样品，置于盛有蒸馏水的烧杯中，搅拌均匀，全部溶解后，完全移入500mL容量瓶中，用蒸馏水稀释至刻度备用。

② 铁离子标准溶液的配制：用氯化铁配制铁离子(Fe^{3+})含量为5mg/mL的标准溶液250mL备用。

③ 碳酸钠溶液的配制：用碳酸钠配制质量分数为5%的水溶液250mL备用。

④ 用移液管分别取铁离子稳定剂配制好的试样50mL，置于三个烧杯中。

⑤ 用移液管向三只烧杯中各加入20mL铁离子(Fe^{3+})标准溶液，搅拌均匀。

⑥ 用碳酸钠溶液将上述混合液的pH值调至5～6。

⑦ 把烧杯中的溶液加热至沸腾，取下停止沸腾后，观察溶液是否澄清透亮。

⑧ 若澄清透亮，继续用移液管分别移取1.0～0.5mL铁离子(Fe^{3+})标准溶液，滴入上述烧杯中，重复步骤⑥和⑦，直至溶液微浑时，停止试验，分别记录微浑前一点时每个烧杯中加入的铁离子(Fe^{3+})标准溶液总用量。

铁离子稳定剂稳定铁离子(Fe^{3+})能力按式（4-47）计算。

$$N = \frac{aV_1}{bV_2} \tag{4-47}$$

式中　N——稳定铁离子（Fe^{3+}）的能力（液体型样品单位为mg/mL、固体型样品单位为mg/g）；

a——氯化铁标准溶液铁离子（Fe^{3+}）的含量，mg/mL；

V_1——铁离子（Fe^{3+}）标准溶液体积用量，mL；

b——试样中铁离子稳定剂样品的含量（液体型样品单位为mL/mL、固体型样品单位为g/mL）；

V_2——试样体积用量，mL。

（7）岩心的渗透率变化率测定。按下面步骤测定岩心的渗透率变化率：

① 取备用岩心，称重、抽空并用标准盐水饱和，测量饱和前后的质量。

② 酸A：按所试验的配方配制；酸B：含铁离子稳定剂的酸化液：按铁离子稳定剂使用浓度配方配制的酸化液。其浓盐酸、氢氟酸和清水的用量按"酸化液配制"中公式（4-32）～（4-

36) 计算，清水用量考虑铁离子稳定剂的用量。

③ 按流程图（图4-9）接好管线。

④ 装好岩心，开泵，流程排气。

⑤ 加围压，围压与内压之差可为2.0~5.0MPa。

⑥ 正向注入标准盐水，待流动状态稳定后，记录压力、流量值，计算出此时的岩心渗透率。

⑦ 反向挤入10倍孔隙体积酸A，反应4h。

⑧ 正向注入标准盐水测压力、流量值，计算出此时的岩心渗透率。

⑨ 停泵、卸掉压力、取出岩心。

⑩ 重新装好岩心，将试验步骤⑦中的酸A，换成酸B，其他步骤同上。

渗透率K按达西公式（4-5）计算；岩心渗透率提高率按公式（4-31）计算。

岩心渗透率变化率按式（4-48）计算：

$$H_b = \frac{R_{d1} - R_{d2}}{R_{d1}} \times 100\% \tag{4-48}$$

式中 R_{d1}——注酸A后，岩心渗透率提高率，%；

R_{d2}——注酸B后，岩心渗透率提高率，%；

H_b——岩心渗透率变化率，%。

4. 检验结果评价

目前行业标准SY/T 6571—2003《酸化用铁离子稳定剂性能评价方法》中没有规定统一的评价指标，检验结果评价执行地方标准或企业标准。

5. 酸化用铁离子稳定剂不合格的危害

如果酸化用铁离子稳定剂检验项目不合格，在酸化作业过程中，由于酸液与钢铁表面接触，会形成部分铁离子进入地层，和酸液溶蚀地层中含铁矿物所产生的铁离子；随着酸岩反应的进行，酸液活性会逐渐降低，pH值升高，出现游离铁离子以Fe(OH)$_3$形式沉淀，沉淀一经形成，就可能堵塞地层孔隙及油气渗流通道，进而降低酸化处理效果及油气产能，造成二次污染。

五、酸化液用助排剂检验

1. 参照主要技术标准

酸化液用助排剂的检验主要参照SY/T 5755—1995《压裂酸化用助排剂性能评价方法》、Q/SY 1376—2011《压裂酸化用助排剂技术要求》、SY/T 5370—1999《表面及界面张力测定方法》、GB/T 6324.1—2004《有机化工产品试验方法 第一部分：液体有机化工产品水混溶性试验》和SY/T 5153—2007《油藏岩石润湿性测定方法》。

检验项目主要包括外观、密度、pH值、与酸化液配伍性、表面张力、界面张力、润湿性、热稳定性和返排性能提高率。

2. 检验主要仪器设备

电子天平：测量范围0～200g，感量0.001g、0.0001g。

数显密度计：测量范围0～2000kg/m^3，精度±1kg/m^3。

酸度计：测量范围−2.00～19.00，精度0.01。

全自动界面张力仪：测量范围0～200mN/m，，精度0.1mN/m。

液—液—固型接触角计。

抽空饱和装置：真空度−0.1～0MPa，精度±0.002MPa。

岩心流动实验仪：压力测量范围0～50MPa，流量测量范围0～100 mL/min，温度测量范围室温～90℃。

3. 检验程序

(1)检验前的准备：检验前按下列要求准备实验所需的材料。

酸化液的配制：酸化液按所需使用浓度的配方配制，如无明确规定，按本节酸化用缓蚀剂中的酸化液的配制。

标准盐水的配制：按照7.0%氯化钠：0.6%氯化钙：0.4%氯化镁的比例，配制成8.0%的标准盐水。

岩心的准备：天然岩心直径2.5cm，长度2.5cm、3.8cm编号，洗油并测气体渗透率。

石英砂：粒径0.180～0.280mm。

接触角小室、磨光石英矿片处理：① 四氯化碳溶剂清洗；② 苯∶酒精∶丙酮=0.7∶0.15∶0.15的溶剂清洗；③ 蒸馏水冲洗；④ 稀盐酸（1∶10）溶液清洗后再用清水冲洗干净；⑤热铬酸浸泡3～4h，去掉热铬酸后再用蒸馏水冲洗；⑥清洗干净后，用纯度为99.99%的氮气通过，使测量系统脱氧。

方解石、透明石英矿片处理：① 四氯化碳溶剂清洗；② 苯∶酒精∶丙酮=0.7∶0.15∶0.15的溶剂清洗；③ 蒸馏水冲洗；④ 用活性白土吸附6～8h，去掉白土后用非导电性水冲洗；⑤清洗干净后，用纯度99.99%的氮气通过，使测量系统脱氧。

（2）外观测定：将其少量样品倒入比色管中，在非直射的自然光线下、在白色背景下目视测定样品的外观，摇匀后观察应为无分层、无沉淀均匀液体。

（3）密度测定：见本节酸化用黏土稳定剂中密度测定方法。

（4）pH值测定：见本节酸化用黏土稳定剂中pH值测定方法。

（5）与酸化液配伍性测定：先将酸化液按所试验的配方配制好并均分为二份。一份为空白样，另一份中加入试验浓度的助排剂。将上述二份溶液置于所需测定温度水浴中放置24h。观察加入助排剂的样品中有无分层、沉淀、浑浊等现象。

（6）表、界面张力测定：先将酸化液按所试验的配方配制好，在酸化液中加入所需用量的助排剂，在室温下用全自动界面张力仪测其表面张力及与煤油的界面张力。

（7）润湿性测定：接触角大小与油水对固体的润湿程度有关。因此测量油—水—油藏岩石系统的接触角，可以了解油、水对油藏岩石的润湿性。

原理：水—油—固体系统中的三相交接处，其表面能的平衡关系符合杨—裘比原理，按下式计算：

$$\cos\theta_{c} = \frac{\sigma_{os} - \sigma_{ws}}{\sigma_{ow}} \qquad (4-49)$$

式中　σ_{os}——油和固体间的界面张力，mN/m；

　　　σ_{ws}——水和固体间的界面张力，mN/m；

　　　σ_{ow}——油和水之间的界面张力，mN/m；

　　　θ_{c}——接触角，(°)。

考虑到油藏岩石的复杂性和矿物组成的基本属性及接触角测量的要求，选用典型的石英矿片模拟砂岩油藏岩石，选用典型的方解石矿片模拟碳酸盐岩油藏岩石。

检验在一个特制的聚四氟乙烯矩形小室内进行。它的一个对边由两块平行透明玻璃组成，小室内装有可移动的支架以支撑磨光的矿片，并具备保温和抽空的条件。

检验用水使用标准盐水或岩样对应层位的地层水；用检验用水配制成所需使用浓度的助排剂水溶液；检验用油使用岩样对应层位未被污染的原油。

检验步骤：彻底清洗小室和矿片后，把检验矿片安装在两根支架上，上紧小室封盖，抽空试漏，充填氮气；用抽空过的检验用水充满小室（抽空饱和法），使磨光矿片完全浸没在缺氧水中，让矿片在检验温度（地层温度）下浸泡36h以上；在缺氧条件下，用专用微量注射器在矿片下注入一恒温的油滴，通过小室的透明玻璃能清楚地观察到油滴的外形。若检验中使用的是透明油，则小室首先用油充满，然后在磨光矿片上注一个水滴进行测定待原油和水之间在恒温条件下平衡一段时间，接触角慢慢地发生变化。通过仪器的光学镜头，对液滴采用标尺读角或照像测量直至接触角保持不变；用水相测角仪测量固体表面与油—水接触面形成的接触角。

将检验用水用所需使用浓度的助排剂水溶液代替，重复上述检验步骤。

润湿性判别：接触角法润湿性判别见表4-16。

表 4-16   接触角法润湿性判别

接触角 θ_c	$0° \leqslant \theta_c < 75°$	$75° \leqslant \theta_c < 105°$	$105° < \theta_c \leqslant 180°$
润湿性	亲水	中间润湿	亲油

(8) 热稳定性测定：配制质量分数为 0.3% 的助排剂水溶液 500mL 置于烧杯中，搅拌均匀，备用；检查耐温耐压容器，将备好的试样装入其中，至溢出为止，上紧螺纹，保证密封，放于烘箱中调至 150℃，恒温 3 天后，取出冷却至室温。将冷却后的耐温耐压容器打开，把其中的水溶液倒入烧杯中，上文方法测其表面张力、界面张力。

(9) 返排性能提高率测定：按下列步骤测定助排剂的返排性能提高率。

① 用蒸馏水配制质量分数为 2% 的氯化钾水溶液，备用；

② 用蒸馏水配制 2% 氯化钾 +0.3% 助排剂水溶液，备用。

③ 在内径 15mm，长 500mm 的玻璃管中装满粒度为 0.180～0.280mm 的石英砂，装好流程，控制液位高度，保持恒定的压头（助排剂处理高度为 700mm 水柱，油高度为 900mm）。通 2% 的氯化钾水溶液将其饱和，由饱和前后质量差求出孔隙体积 V。

④ 向填砂管正通煤油，记录煤油开始流出时的氯化钾水溶液的排出量 Q_1。

⑤ 向填砂管反通 2% 氯化钾水溶液，记录其开始流出时煤油的排出量 Q_2。

⑥ 再向填砂管正通煤油，记录煤油开始流出时氯化钾水溶液的排出量 Q_3。

⑦ 排出效率 B_0 按式（4-50）计算：

$$B_0 = \frac{Q_3}{V - Q_1 + Q_2} \times 100\% \qquad (4-50)$$

式中 B_0 —— 排出效率，%；

$(V-Q_1+Q_2)$ —— 填砂管中的液量，mL；

Q_3 —— 排出填砂管中的液量，mL。

⑧ 用含质量分数为0.3%助排剂的氯化钾水溶液代替2%氯化钾水溶液，重复③～⑥步骤，计算加助排剂后排出效率B。

⑨ 返排性能提高率按式（4-51）计算：

$$E = \frac{B - B_0}{B_0} \times 100\% \qquad (4-51)$$

式中 E —— 返排性能提高率，%；

B_0 —— 空白试样的排出效率，%；

B —— 含助排剂试样的排出效率，%。

4．检验结果评价

酸化用助排剂的检验指标主要依据Q/SY 1376—2011《压裂酸化用助排剂技术要求》，检验项目及评价指标参见表4-17，检验结果评价也可执行地方标准或企业标准。

表4-17　酸化用助排剂检验项目及评价指标

序号	检验项目		评价指标
1	外观		无悬浮、无分层、无沉淀、无浑浊均匀液体
2	密度，g/cm³		0.95～1.08
3	pH值		6.0～8.0
4	与酸化液配伍性		无悬浮、无分层、无沉淀、无浑浊
5	表面张力（0.3%助排剂酸溶液），mN/m		≤25.0
6	界面张力（0.3%助排剂酸溶液），mN/m		≤2.0
7	润湿性 θ_c		亲水，$0° \leqslant \theta_c < 75°$ 或中间润湿，$75° \leqslant \theta_c < 105°$
8	热稳定性	表面张力改变量，mN/m	≤1.5
		界面张力改变量，mN/m	≤1.5
9	返排性能提高率，%		≥35.00

5. 酸化用助排剂不合格的危害

如果酸化助排剂的返排性能提高率不合格，在油、水井酸化施工时，会造成施工残液返排不彻底，残液中有害物质沉淀伤害地层，影响施工效果。

六、酸化用破乳剂检验

1. 参照主要技术标准

酸化用破乳剂检验主要参照GB/T 7305—2003《石油和合成液水分离性测定法》、GB/T 6324.1—2004《有机化工产品试验方法 第一部分：液体有机化工产品水混溶性试验》和GB 510—83《石油产品凝点测定法》。

检验项目主要包括外观、密度、pH值、凝点、固含量、与酸化液配伍性和破乳提高率。

2. 检验主要仪器设备

电子天平：测量范围0～200g，感量0.001g、0.0001g。

数显密度计：测量范围0～2000kg/m³，精度±1kg/m³。

酸度计：pH值测量范围−2.00～19.00，精度0.01。

凝点测定仪：温度测量范围：0～−60℃，精度±0.8℃。

石油和合成液抗乳化测定器：转速1500±15r/min；温度测量范围室温～90℃，精度±1℃。

3. 检验程序

（1）外观测定：将少量样品倒入比色管中，在白色背景下目视测定样品的外观，摇匀后观察应为均匀液体。

（2）密度测定：参照本章第二节压裂用交联剂密度测试方法。

（3）pH值测定：参照本章第二节压裂用交联剂pH值测试方法。

（4）凝点测定：见本节酸化用缓蚀剂中凝点测定方法。

（5）固含量测定：接通热对流式标准烘箱电源，将烘箱的温度设置为120℃，恒温1h；将称量瓶放在烘箱内，在120℃下烘干1h后取出，放在干燥器内冷却30min至室温；在天平上称干燥称量瓶的质量，准确至0.0001g，记作m_1。

向干燥称量瓶里加入9～11g混合均匀的试样，在天平上称质量，准确至0.0001g，记作m_2。使盖倾斜45°，将其置于热对流式标准烘箱内在120℃下烘干24h。将称量瓶盖子盖好，移至干燥器内，冷却30min至室温。在天平上称质量准确至0.0001g，记作m_3。

固含量质量百分数按式（4-52）计算：

$$S = \frac{m_3 - m_1}{m_2 - m_1} \times 100\% \qquad (4\text{-}52)$$

式中　S —— 试样的固含量，%；

　　m_3 —— 干燥后试样加称量瓶的质量，g；

　　m_1 —— 干燥称量瓶的质量，g；

　　m_2 —— 干燥前试样加称量瓶的质量，g。

（6）与酸化液配伍性测定：先将酸化液按所试验的配方配制好并均分为二份。一份为空白样，另一份中加入试验浓度的破乳剂。将上述二份溶液置于所需测定温度水浴中放置24h。观察加入破乳剂的样品中有无分层、沉淀、浑浊等现象。

（7）破乳提高率测定：先将酸化液按所需使用浓度的配方配制好，均分为二份，其中一份为空白样，另一份中加入所需使用浓度的破乳剂备用。分别测定空白样和含有破乳剂样品的破乳率，具体方法见第四节酸化液中破乳率测定方法。

破乳率按式（4-28）计算。破乳提高率按式（4-53）计算：

$$P_t = \frac{\psi_2 - \psi_1}{\psi_1} \times 100\% \qquad (4\text{-}53)$$

式中　P_t —— 破乳提高率，%；

　　ψ_2 —— 含有破乳剂样品的破乳率，%；

　　ψ_1 —— 空白样的破乳率，%。

4. 检验结果评价

目前国家标准 GB/T 7305—2003《石油和合成液水分离性测定法》中没有规定统一的评价指标，检验结果评价执行地方标准或企业标准。

5. 酸化用破乳剂不合格的危害

如果酸化用破乳剂的破乳率超标，在油井酸化作业过程中，会存在水溶液与地层原油在地层中形成乳状液的问题。这些乳状液特别是油包水乳状液会有较高的黏度从而影响施工作业后排液不能及时、完全进行。有时甚至造成严重的地层伤害，影响施工效果。

第六节　堵水调剖剂

一、概述

为了提高注水效果和油田的最终采收率，需要及时地采取堵水调剖技术措施。堵水调剖的作用是用封堵剂封堵高渗透吸水层位，控制高吸水层位的吸水量，提高中、低渗透层位的吸水量，从而达到调整吸水剖面的目的。

目前我国主要研究和开发了 7 类堵水调剖剂：沉淀型无机盐类、聚合物冻胶类、颗粒类、泡沫类、树脂类、微生物类及其他类。

本书主要介绍聚合物冻胶类和颗粒类堵水调剖剂检验技术。

二、聚合物冻胶类堵水调剖剂检验

1. 依据主要技术标准

聚合物冻胶类堵水调剖剂检验主要依据 SY/T 5590—2004《调剖剂性能评价方法》和 SY/T 5336—2006《岩心分析方法》。检验项目包括：基液表观黏度、成胶时间、成胶黏度、阻力系数、突破压力、堵水率、耐冲刷性（20PV 堵水率）、热稳定性（1 个月残余阻力系数)。

2. 检验主要仪器设备

旋转黏度计：RV系列流变仪或同类产品，最低剪切速率不大于 $10s^{-1}$。

岩心高压油水饱和装置：真空度达到 $-0.1MPa$。

岩心流动试验仪：岩心试验工作压力 30MPa，最大流量 $30cm^3/min$；天平感量 0.01g。

抗压强度试验机：压力分度值为 0.1N。

岩心：推荐用油田地层岩心评价液体调剖剂。将取自拟调剖地层的柱状岩心按 SY/T 5336—2006《岩心分析方法》测定渗透率、孔隙度和孔隙体积。也可用油砂岩心或石英砂岩心按照拟调剖地层渗透率剖面组合后填入岩心筒，制成一维岩心模型，或用环氧树脂或磷酸盐胶结成非均质一维或二维岩心模型进行评价。

地层水：取拟调剖地层水，分离原油，充分暴氧并过滤后备用。也可用模拟地层水。

注入水：取自拟调剖井区经过滤的注入水。

3. 溶液的制备

按配比要求用电子天平称取主剂备用(精确至0.01g)，量取实验用水倒入烧杯中。在搅拌状态下使液面形成旋涡后加入称量好的主剂，继续搅拌2h使其形成均匀溶液。

将配制好的主剂溶液，按配比要求加入所需用量的交联剂溶液(或根据交联剂的情况直接加入称好的交联剂干粉)，搅拌使其形成均匀的溶液后待用。

4. 检验程序

(1)基液表观黏度测定：用旋转黏度计，在模拟地层温度下以不大于 $10s^{-1}$ 的剪切速率测定调剖剂黏度。根据曲线取趋近稳定时间段的平均值为检测结果，每个试样平行测定两次，取其算术平均值为检测结果。

（2）成胶黏度和成胶时间测定：取六只500mL广口瓶分别充满配制好的同一调剖剂试样，置模拟地层温度恒温干燥箱中，定期（由调剖剂产品说明确定）取出一只用同一方法测定黏度。记录最大黏度值和达到最大黏度所需时间（如图4-13）。各对应试样反应时间相对误差±10%，每个试样平行测定两次，取其算术平均值为检测结果。每次测定黏度后的试样不再重复使用。

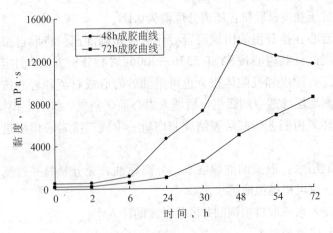

图4-13　调剖剂黏度测试曲线

（3）阻力系数测定：阻力系数指在相同注入条件下，岩心注入调剖剂的压力与注水压力的比值，需要通过岩心实验进行测定。

将符合要求的人造柱状岩心称重（W_1）放入真空干燥器中，真空度达到133.3Pa时，抽空2～8h。将饱和用的液体（饱和液体的密度测定：连接好密度计，接通电源，打开密度计开关，量取500mL饱和液体，将密度计传感头放入饱和液体中，即可测得饱和液体的密度。）引入真空干燥器中，继续抽空1h后，再在常压浸泡4h以上。将浸泡后的岩心逐一放入盛有饱和液体的烧杯中，使岩心全部浸泡在液体中。然后取出饱和后的岩心迅速于滤纸上滚动一周，吸去岩心表面的液体并称重（W_2）。称量和擦样过程中不得掉砂粒。

岩心孔隙体积按（4-54）公式计算：

$$V = \frac{W_2 - W_1}{\rho_w} \tag{4-54}$$

式中　V——岩心孔隙体积，cm^3；

　　　W_1——饱和前岩心质量，g；

　　　W_2——饱和后岩心质量，g；

　　　ρ_w——饱和液体的密度，g/cm^3。

将抽空饱和后的岩心装入岩心夹持器中，按岩心实验流程图（图4-9），连接好流程，用吸耳球排出管线和夹持器堵头中影响计量的积水，在模拟地层温度下恒温20min。用注入水以模拟流速驱替10倍孔隙体积后测定岩心水相渗透率K_{w_1}及注入水流度λ_{w_1}。

水相渗透率计算：依据达西定律按公式（4-5）计算岩样渗透率。

水流度按公式（4-55）计算：

$$\lambda_1 = \frac{K}{\mu} \tag{4-55}$$

式中　λ_1——水流度；

　　　K——注入水通过岩心的渗透率，$10^{-3}\mu m^2$；

　　　μ——注入水的黏度，mPa·s。

取水相渗透率为$1000 \times 10^{-3}\mu m^2 \pm 100 \times 10^{-3}\mu m^2$的岩心，保持泵排量不变，以相同的流速，相同的流动方向注入至少2倍孔隙体积调剖剂，测定达到设计注入量的流度λ_p。λ_1与λ_p之比为阻力系数。

注：当注入压力超过仪器设定值时，允许降低注入流量。

（4）突破压力测定：测定阻力系数后关闭岩心模型，在模拟地层温度下按所测得的调剖剂反应时间静置候凝。清理岩心模型外所有部位的调剖剂残余物，以相同的流动方向原流速注水驱替，记录出口端排出第一滴液体或第一个气泡时的压力差。

（5）堵水率测定：测定突破压力梯度后继续水驱，测定注入水流度 λ_2。λ_2 比 λ_1 降低的百分比为堵水率。

堵水率按公式（4-56）计算：

$$\eta_d = \frac{\lambda_1 - \lambda_2}{\lambda_1} \times 100\% \qquad (4-56)$$

式中　η_d——堵水率，%；

λ_1——调前水水流度，$10^{-3}\mu m^2/mPa\cdot s$；

λ_2——调后水水流度，$10^{-3}\mu m^2/mPa\cdot s$。

（6）耐冲刷性能测定：测定堵水率后继续水驱，至少20倍孔隙体积，连续测定注入水流度，在直角坐标中绘出流度随驱替体积的变化曲线。

（7）热稳定性测定：测定完耐冲刷特性后，关闭岩心模型，在模拟地层温度下恒温静置，定期（由调剖剂产品说明确定）测定注入水流度，在直角坐标中绘出流度随恒温时间的变化曲线。总恒温时间不少于一个月。

三、颗粒类调堵剂检验

以水膨体类堵水调剖剂为例介绍颗粒类调剖剂检验方法。

1. 应用主要技术标准

水膨体类调堵剂检验主要依据 Q/SY 1229—2009《颗粒类调堵剂主要控制指标及试验方法》，检验项目包括水分、筛余、密度、吸水倍数、抗剪切强度、热稳定性。

2. 检验主要仪器设备

标准筛：1mm、3mm、5mm、8mm。

抗压强度试验机：压力分度值为0.1N。

3. 检验程序

(1) 水分（质量分数）测定：称取$10g \pm 1g$(精确至0.01g)样品（湿性水膨体称$200g \pm 1g$，精确至0.01g，以下项目按烘干后的干样测试），放入$\phi 110mm$的蒸发皿中（湿性水膨体放入适当大的不锈钢盘中摊开），置于$105℃ \pm 2℃$电热鼓风干燥箱中烘2h后取出，放入干燥器中冷却至室温，称样品质量（精确至0.01g）。

水分按公式 (4-57) 计算：

$$X = \frac{m_1 - m_2}{m_1} \times 100\% \qquad (4-57)$$

式中　X —— 水分，%；

　　　m_1 —— 水膨体样品烘干前的质量，g；

　　　m_2 —— 水膨体样品烘干后的质量，g。

(2) 筛余（质量分数）测定：将符合设计要求的标准筛从上到下组装好，称取烘干后的水膨体样品$60g \pm 1g$(精确至0.01g)样品倒入标准筛中，将标准筛盖盖上并压紧，放到振筛机上并压紧，振筛10min；准确称量底层标准筛上的样品质量（精确至0.01g）。

筛余按公式 (4-58) 计算：

$$S_1 = \frac{m_4}{m_3} \times 100\% \qquad (4-58)$$

式中　S_1 —— 筛余，%；

　　　m_3 —— 样品总质量，g；

　　　m_4 —— 底层标准筛上筛余物质量，g。

(3) 密度测定：称取筛余物的水膨体样品$20g \pm 1g$(精确至0.01g)，放入250mL容量瓶中；将容量瓶置于电子天平上按归零键，先向容量瓶中倒入约100 mL无水乙醇，然后将直立的瓶子放在两手掌间快速转动，以除去水膨体样品间夹带的空气。将容量瓶再放在天平上，继续倒入无水乙醇至250mL，此时天平上所显示的数为该容量瓶中无水乙醇的质量（精确至0.01g）。

密度按公式（4-59）计算：

$$\rho = \frac{m_5}{250 - \dfrac{m_6}{\rho_{乙醇}}} \tag{4-59}$$

式中　ρ —— 样品密度，g/cm^3；

　　　m_5 —— 水膨体样品质量，g；

　　　m_6 —— 天平显示的无水乙醇质量，g；

　　　$\rho_{乙醇}$ —— 无水乙醇的密度（按$0.751g/cm^3$取值），g/cm^3。

（4）吸水倍数测定：称取三份筛余物的样品5g±1g（精确至0.01g），分别放入三个500mL烧杯中，各加入400mL蒸馏水（或去离子水），将烧杯口用塑料薄膜密封，防止水分挥发。将烧杯置于实验温度±2℃的恒温水浴锅（或恒温箱）中恒温72h时，取出烧杯，用1mm筛网滤出试样，静止5min，称其吸水后的质量（精确至0.01g）。

吸水倍数按公式（4-60）计算：

$$M = \frac{m_8 - m_7}{m_7} \tag{4-60}$$

式中　M —— 吸水倍数，倍。

　　　m_7 —— 水膨体颗粒吸水前的质量，g；

　　　m_8 —— 水膨体颗粒吸水后的质量，g。

（5）抗剪切强度测定：将膨胀后的水膨体装满活塞筒，放入活塞，安装方法参考（图4-14）。将活塞与活塞筒放到仪器的底座上（图4-15），并与压力杆中心轴向对齐。接通电源，拨至手动挡，按住上升键。当活塞开始受压时，将上升速度控制

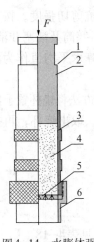

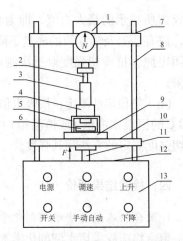

图4-14 水膨体强度
检测仪结构示意图

1—标线；2—活塞；
3—活塞筒；4—被测水膨体；
5—多孔剪切板；6—下压盖

图4-15 水膨体强度检测仪示意图

1—测力计；2—活塞；3—活塞筒；
4—下压盖；5—底座；6—废弃物接收盘；
7—固定横梁；8—支架；9—升降盘；
10—升降平衡梁；11—中心升降轴；
12—配电箱；13—控制面板

在6~7cm/min。此时，仪器的连杆推动活塞筒与活塞产生相对运动，当压力达到一定程度时，水膨体被多孔板剪切破碎，已破碎的水膨体从多孔板的小孔被挤出（多孔剪切板示意图如图4-16）。当活塞下降至标线与活塞筒上缘平齐时立即停止上升，记录活塞从下降开始到活塞下降至标线与活塞筒上缘平齐过程

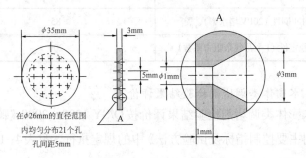

图4-16 多孔剪切板示意图

中仪器所显示的最大力值，即为水膨体的抗剪切强度。按下降键，放有活塞及活塞筒的底盘下降，取下活塞筒及活塞并清理。关闭电源。抗剪切强度取三次测定结果的算术平均值作为测定结果。

（6）热稳定性测定：按吸水倍数测定的方法将烧杯置于80℃±2℃的恒温水浴锅（或恒温箱）中恒温7d，取出烧杯，再按抗剪切强度测定的方法测其强度。

四、检验结果评价

1. 聚合物冻胶类堵水调剖化学剂评价

聚合物冻胶类堵水调剖化学剂评价指标见表4-18。

表4-18 聚合物冻胶类堵水调剖化学剂评价指标

检验项目	评价指标
基液表观黏度，mPa·s	≤800
成胶时间，h	2～72
成胶黏度，mPa·s	≥5000
阻力系数	≤200
突破压力，MPa	≥3.0
堵水率，%	≥95
耐冲刷性（20PV堵水率），%	≥85
热稳定性（1个月残余阻力系数）	≥200

2. 水膨体类调堵剂检验结果评价

水膨体类调堵剂检验结果评价按Q/SY 1229—2009《颗粒类调堵剂主要控制指标及试验方法》中的规定执行，见表4-19。

表4-19 水膨体类调堵剂评价指标

检验项目	评价指标		
	I型 (粒径1~3mm)	II型 (粒径3~5mm)	III型 (粒径5~8mm)
水份(质量分数)，%	干性≤10		
	湿性50~70		
筛余(质量分数)，%	≥95		
密度，g/cm³	1.00~1.90		
吸水倍数，倍	≥7		
抗剪切强度，N	≥150		
热稳定性(80℃，7d)，N	≥40		

五、产品不合格的危害

1. 聚合物冻胶类堵水、调剖化学剂

（1）基液表观黏度和阻力系数：基液表观黏度不合格影响堵水调剖剂的成胶黏度，造成不成胶或成胶较弱；基液表观黏度过高会导致流动速度过慢，流动阻力系数增大，注入困难或注不进去，产生极大的浪费，对注入设备也会造成损害。

（2）成胶时间和成胶黏度：成胶时间过快堵调剂在地面黏度就会急剧增加，表现为流动慢或不能流动的现象，无法正常注入地层。成胶时间过长，堵调剂在地层中没有完全成胶或成胶黏度较低，注水后会很快被水冲开起不到堵水调剖的作用。

（3）突破压力梯度、堵水率、耐冲刷性能：堵调剂的成胶时间过长，成胶黏度过低、会导致岩心的突破压力低，堵水率不高，热稳定性能不好，在地层温度下很快破胶，耐冲刷性能不好，导致有效期短，造成较大的经济损失。

2. 水膨体类调堵剂

（1）水分（质量分数）：水分含量过高会出现膨胀倍数低，调剖剂的强度不高，影响堵调效果。

(2) 筛余（质量分数）：颗粒粒径不均会影响封堵效果，颗粒粒径过小不适合高渗透层封堵，颗粒粒径过大对于低渗透层会出现注不进去的情况，出现注入压力升高，在地层表面形成假相，导致有效期短，影响封堵效果。

(3) 密度：密度过大注入时颗粒沉在底部，不容易携带，造成注入困难。

(4) 吸水倍数和抗剪切强度：吸水倍数过低注入后在地层中体积膨胀较小堵塞效果不好，膨胀倍数过大强度降低也会影响封堵效果。

(5) 热稳定性：热稳定性不好会导致颗粒强度降低，影响封堵效果。

第七节　完井液

一、概述

完井液是完井作业过程中使用的工作液，具有一定的密度具备压井的功能，适当的流变性，与油层岩石和流体配伍，防止黏土矿物发生膨胀运移，减少悬浮固体含量，防止对油套管的腐蚀等。

常用的完井有以下几种类型：无固相清洁盐水完井射孔液、低固相压井液、聚合物完井射孔液、油基完井射孔液、酸基完井射孔液、乳化完井射孔液等。

本书主要介绍无固相清洁盐水完井液和低固相压井液的检验。

二、无固相清洁盐水完井液检验

1. 依据主要标准

无固相清洁盐水完井液检验主要依据SY/T 5329—2012《碎屑岩油藏注水水质指标及分析方法》、SY/T 5834—2007《低固相压井液性能测定方法及评价指标》、SY/T 6335—1997《钻井液用页岩抑制剂评价方法》、GB/T 16783.1—2006《钻井液现场测试　第一部分：水基钻井液》。

检验项目包括密度、pH值、悬浮固体含量、悬浮固体颗粒直径中值、防膨率、腐蚀速率、聚合物配伍性和岩心基质渗透率伤害率实验。

2．检验主要仪器设备

悬浮固体测试仪：KS-03或同类仪器；

库尔特粒度分析仪：MS3型或同类仪器；

页岩膨胀测试仪：NP-02型或同类仪器。

3．检验程序

（1）密度测定：按照本章第二节中交联剂密度测定方法执行。

（2）pH值的测定：取一条约25mm长的pH试纸缓慢地插入待测样品中，使滤液充分浸透并使之变色（不能超过30s）。将变色后的试纸与色板进行对比，读取并记录pH值。如果试纸变色效果不好对比，则取较接近的精密pH试纸重复以上实验。

（3）悬浮固体含量的测定：悬浮固体含量的测定采用悬浮固体含量测定仪。其原理是真空抽滤方法，用0.45μm滤膜将液体中的悬浮固体滤出，称其质量可计算出液体悬浮固体的含量。

准备工作：将孔径为0.45μm滤膜放入蒸馏水中浸泡30min，并用蒸馏水洗3～4次。取出滤膜放在干净的滤纸中压平后放入90℃烘箱中烘30min(或在微波炉中，在70℃下烘3min)，取出放入干燥器中冷却至室温。用镊子小心夹住滤膜边缘用电子天平进行称重。重复上述操作，直至二次称量差小于0.2mg。

将已恒重的滤膜用水润湿正面朝上放到悬浮固体测试仪滤膜支架上，将滤杯放在滤膜上，用瓶口夹将滤杯口和滤膜支座夹在一起。根据样品的密度及悬浮固体含量确定被测样品的体积。接通电源开启真空泵，当集液筒中的真空度达到设定的压力时，倒入被测样品，将相对应的阀门打开过滤被测样品。当样品全部流入集液筒后用蒸馏水冲洗滤膜至水中无氯离子。关闭阀门，用镊子小心从滤膜支架上取下滤膜，重复上述操作，直至二次称量差小于0.2mg。关闭电源，打开排水阀门，将过滤水样放掉。

悬浮固体含量按式 (4-61) 计算：

$$C = \frac{m_h - m_q}{V} \qquad (4-61)$$

式中　C —— 悬浮固体含量，mg/L；

　　　m_h —— 过滤后滤膜质量，mg；

　　　m_q —— 过滤前滤膜质量，mg；

　　　V —— 通过滤膜的样品体积，L。

(4) 悬浮固体颗粒直径中值的测定：悬浮固体颗粒直径中值建议采用库尔特粒度分析仪。测定原理应用库尔特原理，即悬浮在电解液中的颗粒，随电解液通过小孔管时，取代相同体积的电解液，在恒电流设计的电路中导致小孔管内外两电极间电阻发生瞬时变化，产生电位脉冲，脉冲信号的大小和次数与颗粒的大小和次数成正比。

按以下程序测定：

① 电解质溶液的配制：称取分析纯氯化钠9.00g置于烧杯中将其加入到1000mL蒸馏水中，使其完全溶解后用孔径为0.2~0.45μm的滤膜或超级过滤器过滤，使水中颗粒符合测定要求。

② 样品分析：输入样品信息。选择控制方式：根据样品要求对五种方式 (时间、体积、总计数、峰值计数、手动) 进行选择并确认一种控制方式。将有样品的样品杯放置在分析部分中，在状态面板中点击Preview，或者在主菜单中点击Run，再点击Preview。检查样品浓度，显示条要低于10%。假如有必要的话，调节浓度。完成之后，在状态面板中点击Start存入及打印报告。测量完毕后，用电解液水清洗。然后关掉附属设备及主机开关，切断电源。

(5) 防膨率测定：参见本章第二节压裂用黏土稳定剂中防膨率测定。

（6）腐蚀速率测定：采用N80标准腐蚀试片，用游标卡尺测量试片尺寸并计算表面积。先用软布或脱脂棉擦除试样表面污物，再用无水乙醇擦洗，除去试片表面的油脂，最后放入清洁的无水乙醇中浸泡5min。取出试片用双层滤纸吸干，用冷风机吹干，放入干燥器中冷却15min后用电子天平称量试片质量，精确至0.1mg。并按编号记录数值。

试片清洗液配制：称取柠檬酸三铵10g，加入90mL蒸馏水使其溶解待用，使用时应在水浴上将溶液加热到60℃。

测试程序：将试片用线绳固定浸没在250mL装有被测样品的广口瓶中，在实验温度下放置72h。将试片取出后，用清水冲洗，再用清洗液清洗（清洗时可用毛刷轻轻刷洗），试片清洗后用清水冲洗，并用滤纸吸干后放入无水乙醇中浸泡5min。取出试片，立即用两层滤纸吸干，用冷风机吹干，放入干燥器中冷却15min。用分析天平称量试片质量，精确至0.1mg，记录数值。

腐蚀速率按式（4-62）计算：

$$P = \frac{m_1 - m_2}{At} \tag{4-62}$$

式中　P——腐蚀速率，$g/(m^2 \cdot h)$；

　　　m_1——腐蚀前试片质量，g；

　　　m_2——腐蚀后试片质量，g；

　　　A——试片表面积，m^2；

　　　t——浸泡时间，h。

（7）与聚合物配伍性测定：将聚合物干粉配制成1000mg/L的溶液，完全溶解后备用。将聚合物溶液与被测样品按1:1的比例混合均匀后放置在实验温度下，4h后观察并记录有无絮凝、沉淀等现象。

（8）岩心基质渗透率伤害率实验：参见本章第一节岩心基质渗透率伤害率测定。

4. 检验结果评价

目前行业标准中没有规定统一的方法和技术指标，可依据地方或企业标准进行判定。以大庆油田为例，评价指标见表4-20。

表4-20　无固相清洁完井液评价指标

序号	检验项目	评价指标
1	密度，g/cm³	按设计要求
2	pH值	6～9
3	悬浮固体含量，mg/L	≤10.0
4	悬浮固体颗粒直径中值，mm	≤2.0
5	防膨率，%	≥50
6	腐蚀速率，g/m²·h	≤0.100
7	与聚合物配伍性	无沉淀、无絮凝
8	岩心伤害率	按设计要求

注：与聚合物配伍性只适用于聚合物驱。

5. 产品不合格的危害

（1）无固相清洁完井液的密度达不到设计要求，会因井底压力高导致压不住井，出现井喷现象；

（2）腐蚀率超标，会造成油管腐蚀，减少油管使用期限；

（3）悬浮固体含量及颗粒直径中值不符合要求会造成堵塞地层，对炮眼造成伤害；

（4）防膨率不符合要求，滤液进入地层产生黏土膨胀，颗粒运移，造成地层伤害。

三、低固相压井液检验

1. 依据主要标准

低固相压井液检验主要依据SY/T 5834—2007《低固相压井液性能评价指标及测定方法》。

检验项目包括密度、表观黏度、静态悬浮稳定时间、初/终静切力、API失水量、高温高压失水量、24h耐温黏度保留率、暂堵率、油管腐蚀率、岩心伤害率测定、24h耐盐黏度保留率。

2.检验主要仪器设备

密度计：钻井液密度计或玻璃浮子式密度计等，量程为1.00～2.50g/cm³，精度为0.01g/cm³；

中压失水仪：ZNS钻井液失水量测定仪或同类产品；

高温高压失水仪；

岩心流动试验仪：LSY—ZN型或同类产品；

直读式黏度计：六速旋转黏度计或同类产品。

3.试验程序

（1）试样准备：按压井液的配方遵循以下步骤进行试样制备（对于现场已配成的压井液样品，在48h内可以直接进行各项性能指标的测定）。

用量筒量取基液（清水或卤水）2500mL注入3000mL烧杯内。将搅拌器安装好搅拌棒，缓慢放入装有基液的烧杯内，使搅拌棒下端距烧杯底部1cm为宜。分析天平称取增稠剂，称量误差±0.001g。开动搅拌器，由低速缓慢调至500r/min±100r/min，搅拌基液。将增稠剂样品缓慢加入盛有基液的烧杯内，将搅拌器调至2000r/min±100r/min的速度连续搅拌10min后，再调至500r/min±100r/min，连续搅拌30min，加盖静置6h。按配比准确称取或量取其他添加剂（如暂堵剂、稳定剂、无机盐等），依次加入上述溶液中并进行搅拌，搅拌器速度控制在500～1000r/min。搅拌30min后常温加盖静置4～8h，在48h内完成性能测定。

（2）密度测定：凡精度可达±0.01g/cm³或10kg/cm³的任何一种密度测量仪器均可使用。通常用钻井液密度计来测定压井液密度。测定温度为30℃。将仪器底座放置在一个水平平面上。测量压井液温度并记录。将待检压井液注入到洁净的钻井液杯中，倒出，再注入新的待测压井液，把杯盖放在注满钻井液的杯上，旋转杯盖至盖紧。要保证一些压井液从杯盖小孔溢出以便排出混入压井液中的空气或天然气。将杯盖压紧在钻井液杯上，并堵住杯盖上的小孔，冲洗并擦净擦干杯和盖的外部。将臂梁放在底座的刀垫上，沿刻度移动游码使之平衡。在水准泡位于中心线下时即已达到平衡。在靠近钻井液杯一边的游码边缘读取钻井液密度值。记录压井液密度值，精确至0.01g/cm³。

（3）表观黏度和静切力测定：表观黏度和静切力测定采用直读式黏度计，这类黏度计是以电动机或手摇为动力的旋转型仪器。测定温度为30℃。

将样品注入到容器中，并使转筒刚好浸入至刻度线上。在实验室，钻井液测定前应用高速搅拌器搅拌5min。使转筒在600r/min旋转，待表盘读值稳定后，读取并记录600r/min时的表盘读数。使转筒在300r/min旋转，待表盘读值稳定后，读取并记录300r/min时的表盘读数。在600r/min下搅拌10s，静置10s后测定以3r/min转速旋转时的最大读值。以Pa为单位计算初切力（10s切力）。再在600r/min下重新搅拌10s，静置10min后测定以3r/min转速旋转时的最大读值。以Pa为单位计算10min终切力（10min切力）。

表观黏度和静切力按式（4-63）～（4-66）计算：

$$\eta_p = \theta_{600} - \theta_{300} \tag{4-63}$$

$$YP = 0.48 \times (\theta_{300} - \eta_p) \tag{4-64}$$

$$\eta_A = \theta_{600} / 2 \tag{4-65}$$

$$G' \ （或 G''）= \theta_3 / 2 \tag{4-66}$$

式中　　η_p——塑性黏度，mPa·s；

　　　　YP——动切力，Pa；

　　　　η_A——表观黏度，mPa·s；

　　　　θ_{600}、θ_{300}——黏度计600r/min、300r/min时的稳定读值；

　　　　θ_3——静止10s或10min后的黏度计3r/min最大读值；

　　　　G'——初切，Pa；

　　　　G''——终切，Pa。

(4) 静态悬浮稳定时间测定：用量筒准确量取压井液200mL注入500mL的烧杯内。将搅拌器的速度调至500r/min±100r/min，开动搅拌器，连续搅拌压井液10min后倒入50mL比色管中静置。间隔2h观察一次压井液，记录分层出现的时间，即为静态悬浮稳定时间。该项测定所做平行试样数量不少于3个，测定结果误差为±2h。测定时间不超过48h。

(5) 失水量测定：低固相压井液的滤失性能受温度和压力的影响较大，应根据使用条件的不同在常温常压和高温高压两种条件下进行实验。

① 常温常压API失水量测定：实验采用API失水仪进行测定。

在洁净、干燥的压滤器内放一张干燥的滤纸，将垫圈等按顺序装配好。将压井液高速搅拌后注入钻井液杯中，使其液面距杯顶部为1~1.5cm，安装好仪器。将干燥的量筒放在排出管下面以接收滤液。关闭减压阀并调节压力调节器，在30s或更短的时间内使压力达到690±35kPa。加压的同时开始计时，时间到30min时，测量滤液的体积，关闭压力调节器并小心打开减压阀。冲洗并擦净压滤器。记录压井液的温度。关闭压力源，放掉压滤器中的压力，取下压滤器，倾去其中的压井液，小心取出带有滤饼的滤纸，用水冲去滤饼表面上的浮泥，用钢板尺测量并记录滤饼厚度，观察并记录滤饼质量（硬、软、韧、松等）。

② 高温高压失水量测定：实验采用高温高压失水仪进行测定。

温度低于150℃时高温高压滤失试验测试程序：将温度计插入插孔中，接通电源，预热至略高于所需温度约6℃，调节恒温开关以保持所需温度。将待测压井液高速搅拌10min，关闭底部阀杆，倒入钻井液杯中，压井液液面距杯顶部至少1.5cm，而后放好滤纸，盖好杯盖，用螺丝固定。将上、下两个阀杆关紧，将钻井液杯放进加热套中，将加热套中的温度计移到钻井液杯上的插孔中。将高压滤液接收器连接到底部阀杆，并在适当位置锁定。将可调节的压力源连接到顶部阀杆和接收器，并在适当位置锁定。在保持顶部和底部阀杆关紧的情况下，分别调节顶部和底部压力调节至690kPa，打开顶部阀杆，将690kPa压力施加到压井液上，维持此压力直至温度达到所需温度并恒定为止，样品加热时间不要超过1h。待温度恒定后，将顶部压力调节至4140kPa。打开底部阀杆并记时，在实验过程中温度应在所需温度的±3℃之间，收集30min的滤液。如再测定过程中回压超过690kPa，则小心从滤液接收器中放出一部分滤液以降低压力。记录滤液体积、压力、温度和时间。滤液体积应校正为45.8cm²过滤面积时的体积。如果过滤面积为22.6cm²，则将滤液体积加倍后记录。实验结束后，关紧钻井液杯顶部和底部阀杆，并从压力调节器放掉压力，在确保压力全部释放的情况下，从加热套中取下钻井液杯。要非常小心的拆开钻井液杯，倒掉压井液并取下滤纸，尽可能减少滤饼的损坏。用缓慢的水流冲洗滤纸上的滤饼。测量并记录滤饼的厚度，精确到mm，观察并记录滤饼质量好坏（硬、软、韧、松等）。

150℃以上高温高压滤失试验测试程序：将温度计插入插孔中，接通电源，预热至略高于所需温度约6℃，调节恒温开关以保持所需温度。将待测压井液高速搅拌10min后，倒入压滤器中，压井液液面距杯顶部至少38mm，而后放好滤纸，盖好杯盖，用螺丝固定。将上、下两个阀杆关紧，将钻井液杯放进加热套中，将加热套中的温度计移到钻井液杯上的插孔中。底部回压及顶部压力应根据所需温度选定（表4-21），顶部和底部压差为3450kPa。

表4-21   不同测试温度下的推荐回压值

测试温度，℃	水蒸气压，kPa	推荐最小回压，kPa
100	101	690
121	207	690
149	462	690
177	932	1104

测试温度，℃	水蒸气压，kPa	推荐最小回压，kPa
204	1704	1998
232	2912	3105

（6）耐温黏度保留率测定：取350mL压井液试样，在模拟地层温度下先测量初始温度值，恒温24h后再测量一次黏度值，记录试验结果。该项测定所做平行试样数量不少于3个，误差小于5%。

高温下耐温黏度保留率按式（4-67）计算：

$$R_t = \frac{\mu_2}{\mu_1} \times 100\% \tag{4-67}$$

式中　R_t——耐温黏度保留率，%；

　　　μ_1——压井液初始黏度，mPa·s；

　　　μ_2——模拟地层温度恒温24h后测得的压井液黏度，mPa·s。

（7）油管腐蚀率测定：参见本节无固相清洁完井液检测中腐蚀速率测定。

（8）岩心渗透率伤害率测定：准备长度2.5～5cm，直径2.5cm的天然岩心，若无天然岩心，可采用模拟天然岩心物性的人造岩心。岩心经洗油、烘干后测空气渗透率。岩心抽空饱和度参见本章第一节岩心基质渗透率伤害率测定。

测定程序：将选定的实验岩心抽真空饱和模拟地层水；将饱和模拟地层水后的岩心放进岩心夹持器里，在低于临界流速的条件下，用脱色脱水过滤煤油建立束缚水含水饱和度；用脱色脱水过滤煤油正向测定钻井液污染前岩心的油相渗透率（K_o）和平衡压差p_o；将岩心测定渗透率时的出口端作为钻井液伤害的入口端装入动态伤害评价仪的岩心夹持器中，在压力为3.5MPa、剪切速率为$300s^{-1}$的动态条件下，根据每次实验岩心的储层温度改变实验的温度，用相应的现场浆动态伤害岩心120min。在污染伤害过程中，间隔一定时间记录出口端流出的钻井液滤液的体积或重量；污染结束后，取出岩心，将外滤饼冲掉（模拟固井前的洗井）；将冲掉外滤饼的岩心按照测定初始油相渗透率的方向装入评价仪的岩心夹持器中，用脱色脱水过滤煤油在测定岩心初始油相渗透率的流量下，测定钻井液伤害后岩心的油相渗透率K_{oa}。

岩心渗透率伤害率按式（4-68）计算：

$$D_K = \left(1 - \frac{K_1}{K_0}\right) \times 100\% \qquad (4-68)$$

式中 D_K —— 岩心渗透率伤害率，%；

K_1 —— 压井液伤害后岩心渗透率，$10^{-3} \mu m^2$；

K_0 —— 压井液伤害前岩心原始渗透率，$10^{-3} \mu m^2$。

（9）暂堵率测定：模拟压井液暂堵试验，测K_o，静滤失试验过程中应观察、收集出口端流出液体，每20min测定一次试验压力和相应的流量，记录并计算。

暂堵率按式（4-69）计算：

$$W = \left(1 - \frac{K_2}{K_0}\right) \times 100\% \qquad (4-69)$$

式中 W —— 暂堵率，%；

K_2 —— 压井液暂堵过程中岩心渗透率，$10^{-3} \mu m^2$；

K_0 —— 压井液伤害前岩心原始渗透率，$10^{-3} \mu m^2$。

（10）耐盐黏度保留率测定：用清水和质量分数为15%的NaCl盐水在其他成分和配制方法完全相同的情况下配制压井液。测定上述两种压井液在模拟地层温度下的黏度，黏度测定表观黏度和静切力测定程序进行。

耐盐黏度保留率按 (4-70) 计算：

$$R_s = \frac{\mu_4}{\mu_3} \times 100\% \qquad (4-70)$$

式中 R_s——压井液的耐盐黏度保留率，%；

μ_3——清水配制的压井液黏度，mPa·s；

μ_4——盐水配制的压井液黏度，mPa·s。

4. 检验结果评价

低固相压井液检验主要依据 SY/T 5834—2007《低固相压井液性能评价指标及测定方法》评价，评价指标见表4-22。

表4-22　低固相压井液主要评价指标

序号	检验项目	评价指标
1	密度（常温），g/cm³	1.00～1.80
2	表观黏度，mPa·s	10～100
3	静态悬浮稳定时间(30℃)，h	≥24
4	初/终静切力，Pa	0.5～5.5/1.0～6.5
5	API失水量，mL/30min	≤16
6	高温高压失水量（模拟地层温度，3.45MPa）mL/30min	≤40
7	24h耐温黏度保留率（模拟地层温度），%	≥50
8	油管腐蚀率，mm/a	<0.076
9	暂堵率，%	≥90
10	岩心渗透率伤害率，%	≤15
11	24h耐盐黏度保留率，%	≥50

5. 产品不合格的危害

（1）压井液的密度达不到设计要求，会因井底压力高导致压不住井，出现井喷现象；

（2）油管腐蚀率超标，会造成油管腐蚀，减少油管使用期限；

（3）失水量不符合要求，会有大量的滤液进入地层产生黏土膨胀，颗粒运移，造成地层伤害；

（4）而岩心渗透率伤害率直接反映出压井液对地层渗透率的伤害情况。

参考文献

[1] 张公绪.质量专业工程师手册.北京：企业管理出版社，1994

[2] 于振凡，楚安静，乔丹于.抽样检验教程.北京：中国计量出版社，1998

[3] 梅思杰，邵永实，刘军，师世刚.潜油电泵技术（上、下册）.北京：石油工业出版社，2004

[4] 万仁溥.采油工程手册（下册）[M].北京：石油工业出版社，2000

[5] 于涛，丁伟，罗洪君.油田化学剂.[M].北京：石油工业出版社，2002

[6] 米卡尔J.埃克诺米德斯、肯尼斯G.诺尔特.油藏增产措施：第3版[M].北京：石油工业出版社，2002

[7] 李颖川.采油工程[M].北京：石油工业出版社，2002

[8] 王鸿勋，等.采油工艺原理[M].北京：石油工业出版社，1989

[9] 赵福麟.采油化学[M].东营：石油大学出版社，1989

[10] 杨树栋，等.采油工程[M].东营：石油大学出版社，2001

[11] 王世贵，等.几种新型酸液在大庆油田的应用[M].//大庆油田采油工程技术论文选编（1995～1997）.北京：石油工业出版社，1998

[12] 裴晓含，等.三次加密井封窜和增产增注技术[M].//大庆油田有限责任公司.大庆油田开发论文集（2000）（上册）.北京：石油工业出版社，2000

[13] 柴连善，等.热气酸解堵技术研究与应用[M].//大庆油田采油工程技术论文选编（1995～1997）.北京：石油工业出版社，1998

[14] 高丰田.油田物资质量验收.哈尔滨：东北林业大学出

版社，2008

[15] 龙政军.压裂液性能对压裂效果的影响分析[J].钻采工艺，1999，22(1)：49-52.

[16] 张洁等.HPG胶水基压裂液残渣的伤害与溶解[J].西南石油学院学报，2001，23(4)：44-46

[17] 宋连东，闫成玉，杨宝泉，等.杏树岗油田储层保护和改造技术研究[J].大庆石油地质与开发，2002，21(4)：48-51.

[18] 徐洪波，高立峰，宋连东.大庆油田提高酸化效果的几项措施[J].海洋石油，2005，25(1)：55-58.

[19] 刘婧，杨世海，曹建达.复合解堵技术在朝阳沟油田的应用[J];油气田地面工程，2001，20(3)：25-26